国家出版基金项目
NATIONAL PUBLICATION FOUNDATION

"十三五"国家重点图书出版规划项目
中国特色畜禽遗传资源保护与利用丛书

北 京 油 鸡

陈 余　陈继兰　郑瑞峰　主编

U0395168

中国农业出版社
北 京

图书在版编目（CIP）数据

北京油鸡 / 陈余，陈继兰，郑瑞峰主编 . —北京：
中国农业出版社，2019.12
　　（中国特色畜禽遗传资源保护与利用丛书）
　　国家出版基金项目
　　ISBN 978 - 7 - 109 - 25903 - 4

Ⅰ.①北…　Ⅱ.①陈…②陈…③郑…　Ⅲ.①鸡-饲
养管理　Ⅳ.①S831.8

中国版本图书馆 CIP 数据核字（2019）第 195239 号

内容提要：本书共包括 10 章，主要从北京油鸡品种起源与形成过程、品种特征和性能、品种保护、品种繁育、营养需要与常用饲料、饲养管理、疾病防控、养殖场建设与环境控制、废弃物处理与资源化利用、开发利用与品牌建设等方面进行了系统介绍，基本涵盖了北京油鸡遗传资源保护与开发利用全链条。全书图文并茂、数据翔实，不但可作为科研教学参考用书，而且可为北京油鸡产业开发，乃至地方遗传资源开发利用提供参考。

中国农业出版社出版

地址：北京市朝阳区麦子店街 18 号楼
邮编：100125
责任编辑：弓建芳　王晓荣　黄向阳
版式设计：杨　婧　责任校对：刘丽香
印刷：北京通州皇家印刷厂
版次：2019 年 12 月第 1 版
印次：2019 年 12 月北京第 1 次印刷
发行：新华书店北京发行所
开本：720mm×960mm　1/16
印张：12.75
字数：217 千字
定价：85.00 元

丛书编委会

本书编写人员

主　编　陈　余　陈继兰　郑瑞峰

副主编　王　梁　吕学泽　刘　雪　杨曙光

编　者　（按姓氏笔画排序）

王　俊　王　莹　王　梁　王　瑜　王玉田

冯保芹　曲鲁江　吕学泽　朱晓静　刘　雪

齐维天　孙研研　李　华　李　爽　李冬立

李志衍　杨卫芳　杨宇泽　杨曙光　张建伟

陈　余　陈继兰　金银姬　郑瑞峰　赵春颖

贾亚雄　郭江鹏　常　卓　鲁凤岐　谢实勇

审　稿　文　杰

　　我国是世界上畜禽遗传资源最为丰富的国家之一。多样化的地理生态环境、长期的自然选择和人工选育，造就了众多体型外貌各异、经济性状各具特色的畜禽遗传资源。入选《中国畜禽遗传资源志》的地方畜禽品种达 500 多个、自主培育品种达 100 多个，保护、利用好我国畜禽遗传资源是一项宏伟的事业。

　　国以农为本，农以种为先。习近平总书记高度重视种业的安全与发展问题，曾在多个场合反复强调，"要下决心把民族种业搞上去，抓紧培育具有自主知识产权的优良品种，从源头上保障国家粮食安全"。近年来，我国畜禽遗传资源保护与利用工作加快推进，成效斐然：完成了新中国成立以来第二次全国畜禽遗传资源调查；颁布实施了《中华人民共和国畜牧法》及配套规章；发布了国家级、省级畜禽遗传资源保护名录；资源保护条件能力建设不断提升，支持建设了一大批保种场、保护区和基因库；种质创制推陈出新，培育出一批生产性能优越、市场广泛认可的畜禽新品种和配套系，取得了显著的经济效益和社会效益，为畜牧业发展和农牧民脱贫增收作出了重要贡献。然而，目前我国系统、全面地介绍单一地方畜禽遗传资源的出版物极少，这与我国作为世界畜禽遗传资源大国的地位极不相称，不利于优良地方畜禽遗传资源的合理保护和科学开发利用，也不利于加快推进现代畜禽种业建设。

为普及对畜禽遗传资源保护与开发利用的技术指导，助力做大做强优势特色畜牧产业，抢占种质科技的战略制高点，在农业农村部种业管理司领导下，由全国畜牧总站策划、中国农业出版社出版了这套"中国特色畜禽遗传资源保护与利用丛书"。该丛书立足于全国畜禽遗传资源保护与利用工作的宏观布局，组织以国家畜禽遗传资源委员会专家、各地方畜禽品种保护与利用从业专家为主体的作者队伍，以每个畜禽品种作为独立分册，收集汇编了各品种在管、产、学、研、用等相关行业中积累形成的数据和资料，集中展现了畜禽遗传资源领域最新的科技知识、实践经验、技术进展与成果。该丛书覆盖面广、内容丰富、权威性高、实用性强，既可为加强畜禽遗传资源保护、促进资源开发利用、制定产业发展相关规划等提供科学依据，也可作为广大畜牧从业者、科研教学工作者的作业指导书和参考工具书，学术与实用价值兼备。

丛书编委会

2019 年 12 月

序 言

　　我国是世界畜禽遗传资源大国，具有数量众多、各具特色的畜禽遗传资源。这些丰富的畜禽遗传资源是畜禽育种事业和畜牧业持续健康发展的物质基础，是国家食物安全和经济产业安全的重要保障。

　　随着经济社会的发展，人们对畜禽遗传资源认识的深入，特色畜禽遗传资源的保护与开发利用日益受到国家重视和全社会关注。切实做好畜禽遗传资源保护与利用，进一步发挥我国特色畜禽遗传资源在育种事业和畜牧业生产中的作用，还需要科学系统的技术支持。

　　"中国特色畜禽遗传资源保护与利用丛书"是一套系统总结、翔实阐述我国优良畜禽遗传资源的科技著作。丛书选取一批特性突出、研究深入、开发成效明显、对促进地方经济发展意义重大的地方畜禽品种和自主培育品种，以每个品种作为独立分册，系统全面地介绍了品种的历史渊源、特征特性、保种选育、营养需要、饲养管理、疫病防治、利用开发、品牌建设等内容，有些品种还附录了相关标准与技术规范、产业化开发模式等资料。丛书可为大专院校、科研单位和畜牧从业者提供有益学习和参考，对于进一步加强畜禽遗传资源保护，促进资源可持续利用，加快现代畜禽种业建设，助力特色畜牧业发展等都具有重要价值。

中国科学院院士
中国农业大学教授　　吴常信

2019 年 12 月

前言

　　北京油鸡是我国优秀畜禽品种之一，以其繁殖性能优、抗病力和适应性强、肉质鲜美等特点闻名于世，并具有"三黄""三毛""多趾"的典型特征。近年来，北京油鸡品种资源保护开发工作得到蓬勃发展，在农业产业中的作用日益显现，极大地促进了农业和农村经济的发展。此外，北京油鸡作为中华宫廷黄鸡，具有重要的文化内涵与历史价值。目前，北京油鸡已正式获批中华人民共和国农产品地理标志授权。

　　当前，对北京油鸡的研究具有百家争鸣之势，大量的新理念、新技术、新模式在北京油鸡种质资源开发利用和产业发展中发挥了重要作用。此外，结合全国农业结构转型升级与畜牧业绿色发展的新要求，北京油鸡品种保护和产业发展也面临着一系列新的问题与挑战。因此，需要系统地梳理、总结和思考，然而目前并无北京油鸡相关论著。

　　为了更好科普、展示、宣传北京油鸡这一特色地方品种，促进北京油鸡种质资源研究、开发与利用，我们组织北京油鸡科研、推广机构和企业的一线工作人员，对北京油鸡基本情况和多年来的工作进展进行了总结梳理，旨在为北京

1

油鸡产业，乃至我国地方优质畜禽产业发展提供借鉴与参考。

本书围绕品种起源与形成过程，针对北京油鸡品种特征和性能、品种保护、品种繁育、营养需要与常用饲料、饲养管理、疾病防控、养殖场建设与环境控制、废弃物处理与资源化利用等方面进行了详细介绍，重点阐述了北京油鸡开发利用与品牌建设，从北京油鸡科技、产业多维度进行编写，数据翔实、图文并茂，可为相关科研院所、高校、企业提供一定参考。

由于编者水平有限，了解相关资源和信息不够全面，书中纰漏和错误在所难免，敬请广大读者批评指正。

编　者

2019 年 9 月

目录

第一章
品种起源与形成过程

第一节　产区自然生态条件

一、原产地

北京油鸡原产地位于北京城北侧安定门和德胜门外的近郊，以朝阳区的大屯、洼里两地分布较多，海淀清河一带也有分布。这一带地势平坦，水源充足，土质肥沃，农业生产以粮菜间作为主，农作物有小麦、玉米和水稻等，使北京油鸡的形成具备了良好的物质条件。当地农民长期参与城乡间的集市贸易，为了满足消费者对鸡肉、鸡蛋和观赏等多方面的综合需要，逐渐积累了北京油鸡的繁殖、选种和饲养管理等经验，经过长期的选择和培育，形成这一外貌独特、肉蛋品质兼优的地方优良鸡种。

二、中心产区及目前分布范围

20世纪50年代，北京油鸡曾输出到东欧，90年代曾销售到日本。目前，北京油鸡在中国农业科学院北京畜牧兽医研究所和北京市农林科学院畜牧兽医研究所保种饲养，在国家地方禽种资源基因库、上海市农业科学院有少量饲养。

北京油鸡农产品地理标志生产地域保护范围包括北京市行政范围内的：昌平区马池口镇，顺义区张镇，大兴区榆垡镇，房山区燕山街道、琉璃河镇、青龙湖镇、城关镇、石楼镇、窦店镇、周口店镇、长沟镇、大石窝镇，怀柔区渤海镇、九渡河镇、怀北镇、桥梓镇、庙城镇、琉璃庙镇、汤河口镇，门头沟区清水镇，密云区穆家峪镇、河南寨镇、高岭镇、西田各庄镇、北庄镇，通州区马驹桥镇，延庆区刘斌堡镇，共 9 个区的 27 个乡镇作为北京油鸡农产品地理标志地域保护范围，地理坐标范围为：北纬 39°26′—41°03′，东经 115°25′—117°30′。2014 年统计，北京市范围内北京油鸡存栏量为 213 万只，年出栏量为 438 万只，年产鲜蛋 0.92 万 t。

三、产区自然生态条件

（一）地形地貌

北京全市土地面积 16 411 km²，其中平原面积 6 339 km²，占 38.6%，山区面积 10 072 km²，占 61.4%。北京市毗邻渤海湾，上靠辽东半岛，下临山东半岛，与天津相邻，被河北省环绕，地势西北高、东南低。北京的西部、北部和东北部群山环绕，东南部是缓缓向渤海倾斜的北京平原，海拔在 20~60 m。这种山地环绕地形，在交通殊为不便的情况下，为北京油鸡的选育形成了一个天然封闭的环境，在长期培育过程中，很少掺入外血，遗传性不断纯化和稳定。

（二）气候条件

北京的气候为典型的北温带半湿润大陆性季风气候，夏季高温多雨，冬季寒冷干燥，春、秋短促。全年无霜期 180~200 d，西部山区较短。降水季节分布很不均匀，全年降水的 80% 集中在 6 月、7 月和 8 月，7 月和 8 月有大雨。

北京太阳辐射量全年平均为 468~569 kJ/cm²。两个高值区分别分布在延庆盆地及密云西北部至怀柔东部一带，年辐射量均在 569 kJ/cm²；低值区位于房山区的霞云岭附近，年辐射量为 468 kJ/cm²。北京年平均日照时数在 2 063~2 800 h。最大值在延庆区和古北口，为 2 800 h，最小值在霞云岭，日照为 2 063 h。夏季正当雨季，日照时数减少，月日照在 230 h 左右；秋季日照时数虽没有春季多，但比夏季要多，月日照 230~245 h；冬季是一年中日照时数最少的季节，月日照不足 200 h，一般在 170~190 h。

在北京这样的特殊自然条件下，北京油鸡具有了适应性强、抗病力强、成活率高的特点。北京油鸡既可地面平养，也可网上饲养或笼养；既可农户小规模庭院饲养，也可山地和果园放养，更可以规模化饲养。

（三）植被及物产

北京油鸡产区地势平坦，土质肥沃，农业生产以粮菜间作为主，农作物有小麦、玉米和水稻等。

第二节　产区社会经济变迁

北京油鸡原产于安定门和德胜门外的近郊，但随着历史的发展，在北京市城镇化发展的进程下，结合北京市畜牧业发展规划，原先的北京近郊早已变为城区，北京油鸡的养殖主要迁移到了北京市的几个远郊区：昌平、大兴、房山、怀柔、门头沟、密云、通州、延庆。

现有的北京油鸡养殖区域由于气候与环境条件均与之前的养殖区域非常接近，非常适合北京油鸡的饲养与繁育。北京油鸡的资源保种场原位于北京市海淀区板井，属于城乡结合部，随着城市规模的扩大，在20世纪后期保种场周围已是高楼林立，对北京油鸡的疾病预防构成了很大的威胁。于是2001年底将保种场迁往北京市大兴区榆垡镇太子务村。新场区自然条件适合，且远离交通要道和村庄，具有良好的隔离和防疫条件，有利于北京油鸡的饲养。

北京油鸡地理标志地域保护范围的划定：根据《农产品地理标志管理办法》的规定和《北京市人民政府关于同意北京市畜牧总站作为北京鸭、北京油鸡地理标志登记申请人的批复》（京政函〔2013〕36号）的要求，以及北京油鸡特定的人文历史和自然生态环境条件，北京市畜牧总站积极开展北京油鸡资源、生产环境和养殖历史的调查工作。在相关工作的基础上，于2013年开展了北京油鸡地理标志地域保护范围划定工作，对北京市所有存在养殖业的区县分别发出《关于划定北京鸭、北京油鸡生产地域范围的函》，广泛征集相关区县农业主管部门的意见，并收到相关来函确认。根据各区县北京油鸡养殖现状及规划，最终确定了北京市9个区27个乡镇作为北京油鸡地理标志地域保护范围。

第三节　品种形成的历史过程

一、历史上的北京油鸡

北京油鸡有着悠久的历史。据民间传说，这一品种在清朝中期即已出现，距今有 300 余年的历史。由于北京油鸡当时所处的洼里乡水洼清秀，禾草茂盛，昆虫、鱼、虾遍地皆是，使得洼里油鸡浑身金黄、肉质独特、口感细嫩、味道鲜美，鸡汤香气浓郁，营养价值极高。因此，北京油鸡（当时称洼里油鸡）成为朝廷贡品。相传乾隆皇帝路经洼里小青河，见其秀水良田、百姓安居，即兴赋诗曰"鱼跃破渚烟，鹭飞点节穗，俯仰对空澄，即目惬幽思，洼子稻禾香，天下第一鸡"。这里的"洼子"即指水洼，这里的"天下第一鸡"指的就是北京油鸡。

明、清两代的王公贵族对于品质特优的禽产品的需求，是促使北京油鸡良种形成的重要因素之一。早在清朝，北京油鸡就以肉蛋品质兼优而进入宫廷御膳。清朝当时的北洋大臣李鸿章将北京油鸡供奉给慈禧太后，太后品尝后大为赞赏，北京油鸡由此进入宫廷御膳。据传说清史中有"太后非油鸡不食"的记载。当时蒙古八珍之一的"鸡汤口蘑扒驼峰"就是用北京油鸡鸡汤煨驼峰和口蘑而成的吊菜。宫廷和官吏还喜欢用北京油鸡烹制"炸八块""鸡肉羹"和"辣子童鸡"等。据《北京畜牧志》记载，早在 20 世纪 30 年代，当时市售的鸡就有油鸡和柴鸡之分，油鸡的价格高于柴鸡。

北京油鸡曾在德国举办的国际博览会上获得过金奖。在中华人民共和国成立时，北京油鸡被列入"开国第一宴"。1988 年，末代皇帝之弟爱新觉罗·溥杰先生亲鉴该鸡后题词"中华宫廷黄鸡"，中华宫廷黄鸡由此盛传。

二、发展历程

中华人民共和国成立以前，北京油鸡濒于绝种。20 世纪 50 年代初期，北京农业大学曾以油鸡为母本，开展了杂交育种的研究工作。70 年代中期以来，中国农业科学院北京畜牧兽医研究所和北京市农林科学院畜牧兽医研究所相继从民间搜集油鸡的种鸡，进行了繁殖、提纯、生产性能测定和推广等工作，从而使这一品种得以保存。据 1980 年北京市农林科学院畜牧兽医研究所调查统计，当时产区有北京油鸡 3 万余只。90 年代期间，北京油鸡与石岐杂鸡杂交的商品代肉鸡曾出口日本，朝日新闻称之为"天下第一鸡"。2005 年，北京百年栗园生态农业有限公司成立，主要从事北京油鸡的育种研发、种鸡生产、饲料加工、生态养殖、食品加工、产品营销等领域的工作。21 世纪以来，中国农业科学院北京畜牧兽医研究所和北京市农林科学院畜牧兽医研究所均开展着北京油鸡的品系选育工作，引入矮小基因和蛋鸡血缘，选育出了两系或多系配套的肉用型和蛋用型商品代。

三、现状

北京油鸡于 2005 年被北京市政府认定为首批 9 个"北京市优质特色农产品"之一。目前，全市范围内北京油鸡存栏量为 213 万只，年出栏量为 438 万只，昌平区、大兴区、房山区、密云区、通州区是北京油鸡的主产区，养殖量占全市的 95%，并且养殖历史悠久、防疫设施设备齐全、养殖管理相对规范，形成了以龙头企业＋科研机构＋养殖户的金三角合作模式，极大地带动了当地农户的增收致富。

此外，原先个体散养的饲养情况也逐渐地过渡到目前的规模化养殖。根据北京市畜牧总站畜牧养殖场（小区）登记备案的统计，北京市共有北京油鸡规模养殖场 11 家，养殖规模占全市的 90% 以上。

目前，北京市北京油鸡的原种养殖基地主要有两个：一个是北京市农林科学院畜牧兽医研究所榆垡种鸡场，养殖规模 2.4 万只，年产量 20 万只，年收入 215 万元；另一个是中国农业科学院北京畜牧兽医研究所南口种鸡场，养殖规模 4 万只，年产量 10 万只，年收入 120 万元。北京油鸡龙头企业主要为密云区的北京百年栗园生态农业有限公司，养殖规模 60 万只，年产量 32 万只，鲜鸡蛋 5 400 t，年收入 8 000 万元。

第四节　以本品种为育种素材培育的配套系

一、栗园油鸡蛋鸡

针对北京油鸡产蛋率低、饲料报酬低的缺点，中国农业科学院北京畜牧兽医研究所、北京百年栗园生态农业有限公司、北京市畜牧总站培育出拥有自主知识产权的北京油鸡新配套系——栗园油鸡蛋鸡，该配套系在北京油鸡保种群的基础上，充分利用北京油鸡蛋、肉品质优良和独特外观的优势，适当引进矮脚基因和高产蛋鸡血缘，经多年本品种选育和杂交培育，形成多个优质品系，通过配合力测定筛选出配套组合。配套系的商品代鸡具有节粮、生产性能稳定、成活率高、蛋品质优良等特点，有着良好的市场前景和产品竞争力。北京油鸡新配套系在保留了北京油鸡主要外观特征和蛋品质基础上，使北京油鸡的产蛋率和饲料报酬大幅提升，72 周产蛋数达到 242 枚。

栗园油鸡蛋鸡于 2016 年 8 月获得畜禽新品种（配套系）证书（农 09 新品

种证字第 70 号）。该配套系是从市场需求出发，以北京油鸡为基础，充分利用北京油鸡的地域、外观及肉蛋品质特色优势，同时利用其他品种的产蛋率高等特点，采用本品种选育和杂交培育的手段，经多年系统选育，培育出多个优质品系，并通过杂交配合力测定，筛选出的一个三系配套组合，即优质蛋用配套系（"栗园油鸡蛋鸡"配套系）。

（一）北京油鸡新配套系的主要特征、特性和性能指标

该配套系父母代公鸡为矮小型，羽毛鲜艳光亮，呈赤褐色或黄色，尾羽黑色，单冠，肉髯、耳叶鲜红色，喙、胫黄色，皮肤白色，成年体重 2.21 kg，胫长 8.02 cm。母鸡羽毛为浅褐色或黄色，有冠羽和胫羽，胡须率 50% 左右，单冠 S 形，肉髯、耳叶鲜红色，喙、胫黄色，皮肤白色，成年体重 1.90 kg，胫长 8.50 cm。父母代育雏育成期成活率 94%～96%，产蛋期成活率 92%～95%，66 周产蛋数可达 195～205 枚。

商品代母鸡为矮小型，冠羽丰满，羽毛黄色或浅褐色，部分尾羽夹带黑色，体型矮小、较清秀，单冠直立或呈 S 形，冠齿 5～8 个，肉髯、耳叶鲜红色，喙、胫黄色，成年体重 1.65 kg，胫长 7.0 cm。可通过快慢羽自别雌雄，鉴别准确率 99% 以上。育雏育成期成活率 96.0%～97.5%，产蛋期成活率 93.0%～94.9%；母鸡 153～162 日龄开产，蛋壳粉色，72 周龄产蛋 225～242 枚，平均蛋重 50～52 g，产蛋期料蛋比为（2.72～2.80）：1。

经家禽品质监督检验测试中心（北京）测定，商品代种蛋受精率为 91.6%，受精蛋孵化率为 92.9%，入孵蛋孵化率为 85.1%，健雏率为 98.9%；0～18 周龄成活率为 97.5%，19～72 周龄成活率为 94.7%，18 周龄末体重为 1.24 kg，开产体重为 1.58 kg，72 周龄末体重为 1.74 kg；50% 开产日龄为 159 日龄，19～72 周饲养日产蛋数为 242 枚，入舍鸡产蛋数为 234 枚，平均蛋重为 52.0 g，产蛋总重为 12.2 kg，全期鸡蛋破损率为 0.86%，产蛋期料蛋比为 2.72：1；蛋壳粉色，43 周龄蛋壳强度为 3.86 kg/cm²，血、肉斑率为 0.90%，蛋黄色泽、哈氏单位等蛋品质指标均达到优良水平。

（二）新配套系的优势

1. 充分利用北京油鸡独特的资源优势　商品代鸡蛋售价比普通鸡蛋高 16% 以上，商品代公雏育成后具有北京油鸡典型的外貌特征及肉品质，生长速

度与中速黄羽肉鸡相当，作为优质鸡苗出售，增加了父母代种鸡场的收益，同时淘汰母鸡作为优质老母鸡，售价较传统淘汰老母鸡高 30％以上，显著提高了商品代养殖场的收益。

2. 商品代蛋鸡具有节粮优势 新配套系的构成品系中采用了矮小品系（D系），商品代母鸡为矮小型，耗料量减少 10％～15％，同时成活率提高 1～2个百分点，综合养殖成本降低约 15％，增加养殖者的收益。

3. 商品代蛋鸡实现羽速自别雌雄 根据羽速伴性遗传原理，终端父本为快羽，第一父本和母本为慢羽，商品代母雏为快羽，公雏为慢羽，雌雄自别率 99％以上，降低了人工翻肛对雏鸡造成的应激，并降低雏鸡性别鉴定成本。

4. 对纯系的种公鸡繁殖性能开展世代选育，降低育种成本 5％～8％。

二、京星黄鸡 103

京星黄鸡 103 以北京油鸡为基础育成，肉质和风味俱佳。该配套系采用两系杂交，父系来自国家级保种场的北京油鸡保种群，2009 年组建基础群，采用闭锁家系选育方法，重点提高群体均匀度、胸肌比重和胴体的体脂沉积。

（一）京星黄鸡 103 配套系的主要性能指标

商品代鸡 90 日龄出栏，黄羽，尾羽尾部黑色。公鸡上市体重 1.5～1.73 kg，料重比 2.8：1，全净膛率 70.3％～74.1％，胸肌率 10.7％～12.7％，腿肌率 15.8％～19.6％，胸肌肌内脂肪含量达到 2.97％；母鸡上市体重 1.2～1.4 kg，全净膛率 67.7％～71.1％，胸肌率 11.9％～15.5％，腿肌率 15.9％～18.7％，胸肌肌内脂肪含量达到 3.10％。

（二）新配套系的优势与前景

京星黄鸡 103 配套系具有产蛋率高、合格种蛋率高的优点，同时有效地弥补了北京油鸡载肉量低、胴体外观皮肤松弛等缺点。通过近几个世代对肉质性状、产肉率、均匀度的综合选择，商品代肉鸡具有肉质风味优良、胴体皮肤紧凑、产肉量适中的优点。京星黄鸡 103 配套系抗病力强，适宜在北京、河北、山东等北方地区饲养。自 2011 年以来，累计中试父母代 20 万套，饲养商品肉鸡 1 000 万只，企业获得了较好的经济效益，品种具有较大的推广价值。

第二章
品种特征和性能

第一节　体型外貌

一、外貌特征

北京油鸡的体型中等，羽色原分为黄色和赤褐色两种，其中羽毛呈赤褐色（俗称紫红毛）的鸡，体型较小；羽毛呈黄色（俗称素黄毛）的鸡，体型略大；现大多为黄色。初生雏鸡全身披着淡黄色或土黄色绒羽，冠羽、胫羽、髯羽也很明显，体浑圆，十分惹人喜爱。成年鸡的羽毛厚密而蓬松。公鸡的羽毛色泽鲜艳光亮，头部高昂，尾羽多呈黑色。母鸡的头、尾微翘，胫部略短，体态敦实。其尾羽与主翼羽、副翼羽中常夹有黑色或以羽轴为中界的半黑非黄的羽片。

北京油鸡不仅具备羽黄、喙黄、胫黄的"三黄"特征，而且还具备罕见的凤头（冠羽）、胡须（髯羽）和毛腿（胫羽和趾羽）的"三毛"特征。因此，人们常将"三黄""三毛"性状看做是北京油鸡的主要外貌特征。典型北京油鸡个体的趾羽为较长的片羽，并在膝关节处也长出了长长的片羽，好似每只鸡多长出了两对小翅膀，有人形象将此比喻为"六翅"。北京油鸡还具备少有的"五趾"特征（图2-1和图2-2）。

北京油鸡冠型为单冠，由于长有冠羽，冠叶显得较小，母鸡在前段通常形成一个小的S状褶曲，公鸡冠叶较大，且通常偏向一侧。凡具有髯羽的个体，其肉髯很小或全无。冠、肉髯、眼睑、耳叶均呈红色。眼较大，虹彩多呈棕褐色。北京油鸡冠羽大而蓬松，常将视线遮住。

在北京油鸡保种群体中，主要外貌特征比例是：冠羽比例为99%～100%，胫羽比例为 97%～98%，髯羽比例为 66%～72%，五趾比例为 25%～90%，S 冠型比例为 100%。

图 2-1　北京油鸡母鸡　　　图 2-2　北京油鸡公鸡

二、体重

北京油鸡种鸡不同生长阶段的体重见表 2-1。

表 2-1　北京油鸡种鸡不同生长阶段的体重（g）

周龄	公鸡	母鸡
8	600～700	580～660
16	1 250～1 350	970～1 170
24	1 720～1 950	1 300～1 480
43	1 840～2 100	1 580～1 790
66	2 150～2 430	1 740～2 180

三、体尺

种鸡在笼养状态下成年体尺指标见表 2-2。

表 2-2　北京油鸡种鸡（43 周龄）体尺（cm）

性别	体斜长	胸深	龙骨长	髋骨宽	胫长
公鸡	18.9～22.0	11.5～12.9	12.0～13.5	6.8～7.5	8.8～10.9
母鸡	17.1～18.1	9.6～10.5	9.6～10.9	6.7～7.6	6.9～7.8

四、品种特征

北京油鸡属于肉蛋兼用型地方品种，由于没有进行定向系统选育，生产性能虽有所提高，但与西方引进的专门化高产肉鸡、蛋鸡品种相比，生产性能仍然较低，生产成本较高。

（一）体重、采食量和料重比

在正常饲养条件下（笼养、全价配合饲料），北京油鸡商品鸡各周龄的体重、采食量和料重比分别列于表2-3、表2-4和表2-5。如果采用散养或放养模式饲养北京油鸡，增重速度可能略低于此。

表2-3　北京油鸡商品鸡各周龄体重（笼养）（g）

性别	初生重	7周龄	10周龄	12周龄	13周龄	14周龄	16周龄
公鸡	35.3	666.4	1 107.2	1 375.0	1 504.8	1 593.8	1 808.4
母鸡	35.1	602.9	961.7	1 170.8	1 275.3	1 346.5	1 545.8
平均	35.2	635.6	1 036.8	1 276.1	1 393.6	1 472.1	1 680.1

表2-4　北京油鸡商品鸡累计采食量（笼养）（g）

性别	7周龄	10周龄	12周龄	13周龄	14周龄	16周龄
公鸡	1 603.6	3 044.6	4 206.2	4 801.7	5 359.8	6 539.2
母鸡	1 533.1	2 820.6	3 819.0	4 344.8	4 862.5	5 942.6
平均	1 568.4	2 932.6	4 012.6	4 573.3	5 111.2	6 240.9

表2-5　北京油鸡商品鸡累计料重比（笼养）

性别	7周龄	10周龄	12周龄	13周龄	14周龄	16周龄
公鸡	2.41 : 1	2.75 : 1	3.06 : 1	3.19 : 1	3.36 : 1	3.62 : 1
母鸡	2.54 : 1	2.93 : 1	3.26 : 1	3.41 : 1	3.61 : 1	3.84 : 1
平均	2.47 : 1	2.83 : 1	3.14 : 1	3.28 : 1	3.47 : 1	3.71 : 1

北京油鸡一般在13～16周龄上市，上市体重1.3～1.7 kg，料重比（3.28～3.71）：1。目前，引进国外的快大型白羽肉鸡一般在6～7周龄上市，上市体重2.5 kg左右，而北京油鸡7周龄的体重只有635 g。

（二）屠体指标

北京油鸡商品鸡16周龄时屠宰性能测定结果列于表2-6。由表2-6可见，北京油鸡的平均半净膛率为79.2％，全净膛率为70.9％，公鸡高于母鸡。16周龄时鸡都有较多的脂肪沉积，平均腹脂重51.3 g，平均皮下脂肪厚5.3 mm（背部腰荐结合处）。

表2-6 北京油鸡16周龄屠宰性能测定结果

指标	公	母	平均	指标	公	母	平均
宰前重（g）	1 810.3	1 498.3	1 654.3	胸肌率（%）	9.6	10.8	10.2
屠体重（g）	1 584.0	1 289.3	1 436.7	皮下脂肪厚（mm）	5.5	5.2	5.3
屠宰率（%）	87.5	86.1	86.8	头重（g）	62.7	45.3	54.0
内脏重（g）	91.7	78.7	85.2	头重占比（%）	4.8	4.3	4.6
内脏率（%）	5.1	5.3	5.2	颈重（g）	122.8	86.3	104.6
腹脂重（g）	49.3	53.2	51.3	颈重占比（%）	9.4	8.3	8.9
腹脂率（%）	2.7	3.5	3.1	翅重（g）	144.5	118.7	131.6
全净膛重（g）	1 303.3	1 043.0	1 173.2	翅重占比（%）	11.1	11.4	11.2
全净膛占比（%）	72.0	69.6	70.9	腿重（g）	385.5	298.2	341.8
半净膛重（g）	1 444.3	1 174.8	1 309.6	腿重占比（%）	29.6	28.6	29.1
半净膛占比（%）	79.8	78.4	79.2	爪重（g）	76.8	55.0	65.9
胸肌重（g）	125.5	112.7	119.1	爪重占比（%）	5.9	5.3	5.6

注：半净膛重是指屠体去气管、食道、嗉囊、肠、脾、胰和生殖器官，留心、肝（去胆）、肾、腺胃、肌胃（除去内容物及角质膜）和腹脂（包括腹部板油及肌胃周围的脂肪）的重量。全净膛重是指半净膛去心、肝、腺胃、肌胃、腹脂及头脚的重量。

适量的皮下脂肪沉积有利于提高商品鸡的风味。北京油鸡在12周龄以后，腹部脂肪、皮下脂肪的沉积能力明显加强。如果要获得好的屠体外观以及优异的肉质和风味，北京油鸡应饲养至16周龄左右屠宰。此时屠体腹部、尾部和背部布满皮下脂，皮肤微黄，胴体皮紧而有弹性，毛孔细小，光滑滋润，胸部两侧有条形脂肪。肌间脂肪较为丰富，肉味鲜美，鸡香浓郁。

（三）体尺

北京油鸡商品鸡16周龄屠宰时的屠体体尺测量结果见表2-7。

表 2-7　北京油鸡商品鸡 16 周龄屠体体尺测量结果（cm）

性别	体斜长	龙骨长	颈长	胸深	胸宽	胫骨长	胫围	骨盆宽
公	20.3	11.5	14.5	9.8	7.7	10.2	4.5	8.0
母	18.7	10.5	13.0	9.3	7.2	8.5	4.1	7.5
平均	19.5	11.0	13.8	9.6	7.4	9.3	4.3	7.3

（四）优异的产品品质和风味

北京油鸡品种优异，生长周期长，机体沉积有大量的营养和风味物质，肉质细腻，鸡香浓郁，风味独特。快大型肉鸡往往需要配以众多的调料一起烹制方能食用，一般的三黄鸡炖汤时则需添加鸡精来调出鸡的鲜味，而北京油鸡即使只加盐清炖，也香气四溢，汤味鲜美，无需添加鸡精。采用北京油鸡炖出的鸡汤具有北京油鸡所特有的香味。经现代科学技术测定，北京油鸡鸡肉中游离氨基酸、肌内脂肪和不饱和脂肪酸等物质的含量均高于其他鸡种，有益人体健康。鸡肉中富含的游离氨基酸、肌肽、牛磺酸等特殊营养物质在经过中国传统烹饪方法加工后使得肉美汤鲜，并对人体具有特殊的滋补作用。

采用酱油等众多调料烹制的鸡肉，吃起来完全是调料的味道，吃过 1～2 次后就会生腻。而清炖的北京油鸡则完全是鸡的本味，鸡肉吃起来有一股清香的感觉，不易生腻。

北京油鸡本身鸡味浓郁，特别符合中国传统的饮食习惯，如炖汤、白切、盐焗、沥蒸等，可充分满足社会对高档禽类产品的消费需求。

同时，北京油鸡作为肉蛋兼用品种，所产的蛋大小适中，蛋壳粉红色，蛋黄大、色泽黄，蛋清黏稠，口味纯正、无腥味，品质明显优于普通鸡蛋，并且富含有益人体健康的卵磷脂，含量比普通鸡蛋高出 30%。

第二节　生物学习性

一、概述

（一）性情温驯，不善飞行

北京油鸡性情温驯，不怕人，不善飞行。在平时觅食过程中，因冠羽长经常遮挡眼睛，所以对周围环境缺乏警惕性，如有动静，不太会迅速逃窜。北京油鸡喜欢游走觅食，奔跑速度慢，高飞能力差，只能短距离低飞，而且不能持久。

（二）抗病力强，适应性广

与高产专用肉鸡和蛋鸡品种相比，北京油鸡作为地方品种鸡具有适应性广、抗病力强、成活率高的特点。多年来，除西藏、新疆、海南以外，北京油鸡已推广到全国各地饲养，饲养者普遍反映该鸡种生命力强、适应性广、易于饲养、对南北各地的气候都能很好地适应。

（三）食性杂，喜欢安静

北京油鸡散养状态下喜欢吃一点就走，转一圈回来再吃，食性杂，喜欢各种昆虫、谷类、豆类、草籽、绿叶嫩枝等。夜间多表现安静、休息。

（四）怕热

北京油鸡羽毛厚密，鸡冠面积小，散热能力差，夏天要注意防暑降温，高温天气应避免热应激。

二、就巢性

北京油鸡有明显的就巢性，一般出现在5～8月，而以7月为最强。就巢的持续期短者为20 d左右，长者可达2个多月。

就巢行为是母禽母性的重要表现之一，指母禽进入产蛋巢（或窝）的次数增加及时间延长，导致母禽最终固定于产蛋巢内孵蛋的行为。一般鸡就巢行为的开始总伴随着产蛋行为的停止，因此会影响鸡的总产蛋量。

（一）北京油鸡就巢、产蛋行为的发生及表现

1. 就巢行为的发生及表现　北京油鸡就巢行为最早出现于产蛋行为发生3～4周后，主要表现为以下几方面。

（1）寻巢行为，即巢位选择　鸡四处走动，寻找合适的巢位，一般光线较暗、内有鸡蛋的巢位最容易被选中。其所需时间不同个体间差异较大，快则几分钟，慢则半小时左右。

（2）连续卧息行为　鸡进窝后，不断拨动鸡蛋，使鸡蛋处于腹部下方，并调整姿势，卧下，继而保持卧息不动。

（3）不规律采食饮水行为　开始就巢后鸡的采食饮水次数显著减少，初期一般会在早上喂料时和下午四点半左右出来采食饮水，时间5~6 min，随着就巢时间的延长，采食次数越来越少，从1 d 1次变为2~3 d 1次，和其他鸡群采食时间不一致，每次1~2 min，之后就会再次进窝卧息。

（4）外观和性情发生改变　刚开始1~2 d，头颈紧缩，不愿走动，食欲减退，饮水减少，产蛋停止。3 d以后，精神沉郁，当人接近时也不愿挪动身体，只是发出"咕咕"或"喔喔"的声音。5~7 d后鸡体重明显减轻，瘦弱，很少进食、饮水。20 d后鸡表现极度瘦弱，全身羽毛蓬松，特别是尾羽，呈蓬松的伞状；有的鸡变得很有攻击性，当人接近时，它会猛地把头转过来，甚至直接啄人，显得很好斗，对鸡蛋的保护欲很强。

（5）体重和体温变化　观察发现就巢20 d以上的鸡体重比同龄非就巢鸡的体重显著要轻，相差500~1 000 g；其体温在42~43℃，比非就巢鸡的体温高1~2℃。就巢油鸡的喙部和胫部颜色要比非就巢鸡的喙部颜色要稍黄些。

2. 产蛋行为的发生及表现　北京油鸡的产蛋行为最早发生在20周龄左右，之后随周龄的增加，产蛋逐渐增加，一般在22周龄左右产蛋率达到5%，26~28周龄达到产蛋高峰。在散养条件下，鸡的产蛋行为主要表现为以下几方面。

（1）产蛋前的高度兴奋行为　表现为鸡冠充血，颜色鲜红，不断走来走去，对周围反应迟钝，若是此时喂食一般不会去采食。

（2）产蛋前的寻巢行为　鸡在蛋窝前不断走来走去，有些急迫的鸡边走边不断发出"咯咯咯"或者"咕咕咕"的短暂叫声，当看中一个蛋窝后就走进去，蹲卧看是否合适，不合适的话很快起身走出，继续寻找。

（3）选定产蛋窝后的产蛋行为　鸡在选好产蛋窝后，蹲卧，不断调整姿势，1~2 min后安静下来，开始集中注意力，用力努责，一般2~10 min后将蛋产出。

（4）产蛋后表现短暂抱蛋行为　母鸡产蛋后将所产的蛋放在自己的胸部、腹部"抱"一会（2~5 min），之后起身，走出蛋窝。

（5）产蛋后的鸡还会表现较长时间的炫耀行为　即开始发出"咕蛋咕，咕蛋咕"或者"咕——蛋，咕——蛋"的胜利叫声，并不停走来走去，持续2～5 min后才逐渐安静下来，开始觅食等活动。

（二）不同阶段就巢产蛋行为的频率

预产期间（19～21周），油鸡产蛋行为表现少，此时鸡无就巢行为发生。产蛋前期（22～28周），鸡的产蛋行为随周龄的增加逐渐增加，尤其是29周之后产蛋行为表现频繁时，就巢行为也开始增加并频繁发生。而产蛋后期（44周后）产蛋行为显著减少时，就巢行为也不会减少太多。

（三）油鸡的就巢和产蛋行为特性

本部分主要从行为表现的角度，总结油鸡就巢和产蛋行为的主要特性如下。

1. 阶段性　不同阶段二者发生和表现不同，如预产期间（19～21周），产蛋前期（22～28周），产蛋中期（29～43周）和产蛋后期（44周后）各阶段就巢和产蛋行为发生均不同。

2. 目的性　不论就巢还是产蛋，对家禽本身来说都是有益的繁殖行为，二者都具有明显的目的性，都有一个很长的寻巢和等待过程，便于鸡寻找更为适宜的环境。在散养条件下，个别鸡还会表现自我"筑巢"的行为，也就是鸡可以根据自己的愿望改善环境。

3. 记忆性　一般前一次就巢或者产蛋的窝位，鸡下一次还会选择同样的窝位进行就巢或者产蛋，说明这两种行为具有一定的记忆性。由此生产者可以根据这一特性进行就巢或者产蛋行为的干预。

4. 个体差异性　同样的环境条件下，不同个体就巢时间、产蛋时间具有显著差异。这一点提示我们在散养条件下，如果进行个体就巢行为、产蛋行为的调节难度会比较大。

5. 对声、光的敏感性　就巢和产蛋期间的鸡对声、光的反应均比较敏感，对突然敲击的声音刺激、连续开灯关灯都有反应，表现为全身羽毛竖起、忐忑不安、探头探脑，甚至走出窝外查看等，尤其是产蛋鸡受到突然的声音刺激时可能会暂时"憋蛋"，延长产蛋时间。

6. 不同步性　就巢行为和产蛋行为不是同步发生的，就巢行为的发生往往伴随着产蛋行为的停止，但就巢行为的停止并不意味着产蛋行为的开始，往往存在一个过渡修整的时期。

（四）影响就巢行为发生的因素

由于高度选育的原因，现代高产蛋鸡品种一般很少表现就巢行为，但北京油鸡是地方鸡种，其就巢行为表现较突出，尤其是在不及时拣蛋、鸡蛋在窝内放置时间较长，即积蛋时，容易诱发鸡产生就巢行为。除了窝内积蛋的刺激，其他外界环境条件如熟悉的产蛋窝、适宜的环境温度、通风不良及幽暗的蛋窝等都容易引起鸡的就巢。

第三节　生产性能

北京油鸡属于肉蛋兼用型地方品种，由于没有进行定向系统选育，生产性能虽有所提高，但与引进的专门化高产肉鸡、蛋鸡品种相比，生产性能仍然较低，生产成本在其两倍以上。

一、产肉性能

北京油鸡的生长速度缓慢。其初生体重为 38.4 g，4 周龄重 220 g，8 周龄重 549.1 g。12 周龄重 959.7 g，16 周龄重 1 228.7 g，20 周龄的公鸡重 1 500 g、母鸡重 1 200 g。该鸡的采食量也较少，从出生到 8 周龄，平均每只鸡日采食量不足 30 g。

雏鸡的长羽速度较慢。8 周龄时，羽毛尚未长齐。但该鸡的第二性征表现较早，在 4 周龄时即可较明显地区分公母。

屠体皮肤微黄，紧凑丰满，肌间脂肪分布良好，肉质细嫩，肉味鲜美，适于多种烹调方法，为鸡肉中的上品。

二、产蛋性能

性成熟较晚，在自然光照条件下，公鸡 2～3 月龄开啼，6 月龄后，精液品质渐趋正常。

在放养条件下，每只母鸡年产蛋量约为 110 枚，当饲养条件较好时，可达 125 枚。平均蛋重为 56 g。每只母鸡的年产蛋总重量约为 7 kg。蛋壳粉色，有些个体的蛋壳呈淡紫色，素有"紫皮蛋"之称，蛋壳的表面覆有一层轻淡的白色胶护膜（俗称"白霜"），色泽格外新鲜。

三、蛋品质

北京油鸡所产鸡蛋大小适中、蛋形规则、蛋壳粉色或浅褐色、蛋白浓稠、蛋黄着色良好。蛋重受品种遗传因素的影响较大，北京油鸡平均蛋重为 50.26 g，明显低于普通商品鸡蛋的 56～58 g。一般鸡蛋的蛋形指数为 1.32～1.39，北京油鸡鸡蛋的蛋形指数为 1.339。蛋壳强度、蛋壳厚度分别为 3.14 kg/cm²、0.322 mm，为中等强度、中等厚度，说明北京油鸡鸡蛋蛋形和蛋壳质量较好。鸡蛋的营养物质主要存在于蛋黄中，干物质含量及蛋黄比率越高则鸡蛋的营养价值越高，北京油鸡平均干物质含量为 23.36%、平均蛋黄比率为 29.99%，较一般蛋鸡品种的蛋黄比率（23.86%）要高。蛋黄色泽主要受遗传和饲料中着色物质的影响，蛋黄色泽值越大表明蛋黄颜色越深，北京油鸡鸡蛋蛋黄色泽为 7.38，蛋黄颜色适中。北京油鸡鸡蛋的平均哈氏单位为 74.81，根据蛋品质分级标准，鸡蛋品质达到 AA 级。在营养物质、化学指标方面，北京油鸡鸡蛋在卵磷脂、不饱和脂肪酸、粗蛋白及粗脂肪等指标的含量上表现突出。全蛋中平均粗脂肪、粗蛋白含量分别为 8.99% 和 11.18%；北京油鸡初产蛋卵磷脂含量为 1.86%，比同期罗曼粉壳蛋鸡鸡蛋的卵磷脂含量要高出 44.19%。平均亚麻酸、亚油酸含量分别为 0.02 mg/g、0.025 mg/g。油酸为所测不饱和脂肪酸中含量最高的，为 0.27%。因此，北京油鸡鸡蛋具有极高的营养保健价值（表 2-8 和表 2-9）。

表 2-8　北京油鸡不同产蛋阶段所产蛋的感官物理指标

指　标	16～30 周龄	31～42 周龄	43～70 周龄	平　均
蛋重（g）	44.68	50.70	55.4	50.26
蛋壳色泽（%）	43.96	44.69	47.19	45.28
蛋壳强度（kg/cm²）	3.37	3.06	3.00	3.14
蛋壳厚度（mm）	0.325	0.325	0.317	0.322
哈氏单位	83.98	73.05	67.41	74.81
蛋黄色泽	6.37	7.77	8.00	7.38
蛋形指数	1.343	1.332	1.341	1.339
蛋壳重（g）	6.04	6.59	7.37	6.67
蛋壳比率（%）	13.49	13.00	13.33	13.27
蛋黄重（g）	12.26	15.14	18.04	15.15
蛋黄比率（%）	27.51	29.92	32.55	29.99

表2-9 北京油鸡不同产蛋阶段所产蛋的营养化学指标（鲜蛋）

指 标	16～30周龄	31～42周龄	43～70周龄	平 均
干物质（%）	22.54	23.10	24.45	23.36
粗脂肪（%）	7.92	9.14	9.90	8.99
粗蛋白（%）	10.86	11.21	11.47	11.18
游离氨基酸（%）	0.115	0.137	0.174	0.142
卵磷脂（%）	1.86	2.17	2.73	2.25
胆固醇（%）	0.369	0.373	0.361	0.368
双苷肽（mg/g）	0.31	0.16	0.27	0.25
氧化型谷胱甘肽（mg/g）	0.143	0.031	0.040	0.07
亚麻酸（mg/g）	0.031	0.017	0.012	0.020
亚油酸（mg/g）	0.029	0.027	0.019	0.025
油酸（%）	0.308	0.256	0.246	0.270

四、繁殖性能

北京油鸡性成熟相对较晚，产蛋量较低。北京油鸡5%开产周龄为22～23周龄，开产体重1 770 g，高峰产蛋周龄为30～31周龄，高峰产蛋率70%～73%。产蛋高峰期种蛋受精率93%～95%，受精蛋孵化率90%以上。6周龄雏鸡成活率98%。68周龄产蛋130～140枚，蛋重54～56 g。

目前，我国蛋鸡生产中普遍采用的是从西方引进的高产蛋鸡品种，如罗曼、海塞克斯、海兰等，产蛋率非常高，68周龄产蛋量在320枚左右，高出北京油鸡产蛋量的一倍还多。北京油鸡产蛋量很低，但鸡蛋品质非常好。

第四节　品种标准

围绕北京油鸡已制定1个国家行业标准，2个省级地方标准，具体见表2-10。

表2-10 北京油鸡品种标准

年份	标准名称	标准编号	类 别
2006	《北京油鸡》	DB11/T 404—2006	北京市地方标准
2007	《北京油鸡》	NY/T 1449—2007	中华人民共和国农业行业标准
2016	《北京油鸡饲养管理技术规程》	DB11/T 1378—2016	北京市地方标准

第三章
品 种 保 护

第一节　北京油鸡保种概况

北京油鸡是原产于北京地区的一个著名的地方鸡种，北京市农林科学院和中国农业科学院从 1972 年就开始了北京油鸡的保种和试验研究工作。目前，北京油鸡在民间已经绝迹，除了这两家单位，国家级地方鸡种基因库（江苏）、上海市农业科学院也有少量饲养。北京油鸡保种以保种场保护为主，目前国家级北京油鸡保种场有 1 个，设在中国农业科学院北京畜牧兽医研究所。2011年北京油鸡被列入《中国畜禽遗传资源志·家禽志》，这既是全体北京油鸡保种工作者成果的重要体现，同时也标志着北京油鸡品种资源保护进入了新的阶段。

一、品种现状及保种、育种工作

1949 年以前，北京油鸡濒于绝种。20 世纪 50 年代初期，北京农业大学曾以油鸡为母本，开展了杂交育种的研究工作，培育"农大黄"。20 世纪 70 年代后期，随着国外高产品种鸡的引入，北京油鸡在原产区的养殖数量急剧下降，并出现品种混杂现象，濒临灭绝。据 1980 年北京市农林科学院畜牧兽医研究所调查统计，北京油鸡在原产区只有 3 万余只，并出现品种不纯现象。此后数年间，北京油鸡在原产区迅速消失。北京油鸡的品种保护工作始于 1972 年。北京市农林科学院畜牧兽医研究所等单位的科技人员从产区搜集油鸡的种鸡，进行了繁殖、提纯、生产性能测定和推广等工作，开始了多年的北京油鸡保种工作，从而使这一品种得以保存至今。中国农业科学院北京畜牧兽医研究所围绕北京油鸡品种提纯和选育也开展了大量工作，2006 年被批准为"国家级北京油鸡保种场"，并提供固定保种经费，北京油鸡品种得以保存并逐渐被得到开发利用。国家科学技术委员会和相关部委十分重视此项工作，将该项保种工作列入"六五""七五"国家公开重点课题，完成了北京油鸡育肥、屠宰、产肉等多项性能的测定，开展了多种杂交组合筛选、营养和肉质测定研究以及有关性连锁羽型基因效应遗传参数的研究工作，并获得多项国家级、北京市级科技进步奖和成果奖。北京油鸡肉质优异，但增重慢、产蛋率低、生产成本是普通肉鸡和蛋鸡的两倍以上，多年来一直难以在生产中推广。由于没有稳定的保种经费支持，北京油鸡的保种工作进展得非常缓慢。

2000 年以前，北京油鸡成年母鸡的种群数量一直局限在 300～500 只，只能达到国家规定的最低保种数量的要求，并且每年需保种单位自身贴补数万元经费。由于保种经费和群体规模的限制，无法对北京油鸡进行大规模的系统选育和改进。随着农业部（现农业农村部）和北京市对保种工作的投入加大，从 2000 年开始北京油鸡的群体规模逐步得到扩大，2002 年成年种鸡群达到 3 000 只以上。当前北京油鸡雏鸡的繁殖数量每年都达到 10 000 只以上，选育强度大大加强。典型的北京油鸡同时具备"三毛"（凤头、胡须和毛腿）和"五趾"特征。在选育过程中，对颈部和背部有杂色羽的个体进行了严格淘汰，建立了胡须系和五趾系，并将胡须系和五趾系进行合成，得到了同时具备胡须和五趾的个体。目前，北京油鸡公鸡已全部具备胡须和五趾特征，母鸡也已达 90% 以上。

多年来，北京油鸡的保种方法从原来的闭锁群繁育法改为全同胞家系等量留种法，同时每个世代对鸡沙门菌进行净化，连续多年一直未检测到阳性个体，近年已开始对禽白血病进行净化。

二、北京油鸡保种场建设

国家一直重视北京油鸡的种质资源保护工作，当前北京油鸡保种以保种场和保种区保护为主，基因库保护为辅，包括中国农业科学院北京畜牧兽医研究所和北京市农林科学院畜牧兽医研究所北京油鸡的资源保种场。此外，还有北京油鸡原种基地 1 个，为北京百年栗园生态农业有限公司所在地。2001 年北京油鸡被农业部列为国家级畜禽品种资源重点保护品种；2002 年北京油鸡被北京市特需农产品委员会列入特需农产品，供应中南海；2005 年北京油鸡被列为北京市发展特色农产品的重点。

北京市农林科学院畜牧兽医研究所下属种鸡场承担北京油鸡的保种和选育任务，现保存有国内最大规模的北京油鸡种群。该场现饲养原种北京油鸡3 000套，父母代8 000套，可常年对外提供北京油鸡父母代及商品代种蛋、种雏。中国农业科学院北京畜牧兽医研究所油鸡保种基地位于昌平区马池口镇，约有北京油鸡20 000套，并根据市场需求，成功选育出多个品系。

目前，北京油鸡群体遗传性能稳定，独特的外貌特征和优良的肉蛋品质得到了很好保持，生产性能有了一定程度的提高。近几年，北京油鸡在京郊和全国各地进行了一定规模的推广，取得了良好的效果。

第二节　保种目标

北京油鸡是我国优良的地方鸡种，以外貌奇特、肉质优异而著称，已被《中国家禽品种志》收录，并被列入《国家畜禽品种资源保护名录》。

通过采取科学合理的保种形式和保种方法维持足够的种群数量，采取合理的繁育方式，避免近交退化，保持北京油鸡独特的外貌特征和优异的肉质性状。建立长期资源保护技术方案，保持品种的特征特性不丢失。采用保种场和基因库同时保护，建立健全保种系谱，开展个体家系保种，保种群家系数不少于40个，公鸡不少于40只、母鸡不少于320只。群体保种群数量1 000只以上，保种群近交系数控制在0.1以内。

一、北京油鸡的选育

（一）北京油鸡选育的概念、意义和作用

1. 选育的概念　北京油鸡的选育指在北京油鸡本品种内部通过选种选配、品系繁育、改善培育条件等措施，以提高品质性能的一种方法。

2. 选育的意义　保持和发展北京油鸡品质的优良特性，提高品种内优良个体的比例，克服该品种的缺点，达到保持品种纯度和提高北京油鸡种群质量的目的。

3. 选育的作用　用于北京油鸡新品系、育成品种保纯和改良提高，一般是在本品种生产性能基本上能满足国民经济需要，不必做重大方向性改变时使用。

（二）北京油鸡选育的基本原则

1. 明确目标　选育目标根据国民经济发展的需要、北京自然条件和社会经济条件，特别是农牧条件，以及原品种具有的优良特性和存在缺点，综合考虑制订。

2. 辩证看待数量和质量　数量是基础，必须有一定数量的个体做保证，当数量发展到一定规模时，转入提高品种质量，实现从量变到质变的飞跃，表现为较高的生产性能，具有较高的纯度和遗传稳定性，纯繁对后代不出现分离现象，杂交时具有较好的杂种优势。

3. 辩证处理一致性和异质性　一致性是指北京油鸡的个体特征、特性、生产性能相似或相同。一致性是相对的，它是区别于其他品种，保证品种具有稳定的遗传性的保障。品种的异质性是指品种内的个体差异。异质性是由遗传物质的变异引起，也可由环境条件引起，任何时候、任何群体均会出现异质性，异质性会使群体得以发展和提高。

（三）北京油鸡选育的基本措施

1. 建立选育机构　政府成立育种委员会或领导小组，组织推广机构、科研院所、生产企业协作选育。

2. 建立良种繁育体系　良种繁育体系由育种场、良种繁殖场、一般繁殖场三级组成，也可采用育种场、良种专业户、良种户三者结合的形式。

3. 健全性能测定体系和严格选种选配　育种场必须固定技术人员定期按全国统一的技术规定，及时、准确地做好性能测定，建立健全种禽档案，实行良种登记制度，做好选种选配，淘汰劣质种禽，严禁乱配。

4. 科学饲养与合理培育　任何畜禽品种都是在特定条件下培育而成，需要良好的饲养条件和科学的管理才能发挥其生产性能。各养殖场应供给充足的全价饲料，创造适合该品种生长发育的环境条件。

5. 开展品系繁育　围绕北京油鸡某方面突出优点进行一系列的繁育工作，内容包括品系建立、延续、利用等。

6. 适当引入外血　为保证某方面优势性状或者弥补某方面不足，防止近交衰退，可适当引入外血。

二、需要重点保护的性状

北京油鸡奇特的外貌和优异的肉质这两个突出的性状在世界鸡种资源日益

匮乏的今天尤其显得珍贵，应给予重点保护。

1. 外貌特征 保持北京油鸡特有的外貌特征，即"三黄""三毛"和"五趾"。羽毛、喙和胫均显黄色；具有冠羽（凤头）、髯羽（胡须）、胫羽或趾羽（毛腿）；呈单五趾或双五趾体型中等，胫长短、粗细适中。冠型主要为S状褶曲冠型；羽毛主要包括黄色和赤褐色两种羽色。

2. 生产性能 成年公鸡体重2 550 g左右，母鸡体重2 050 g左右。开产日龄145～160 d，开产体重1 640～1 740 g，72周龄产蛋140～150枚，平均蛋重53.7 g，蛋壳呈粉色，少数呈褐色和浅粉色，就巢率6%～8%。

3. 品种特性 主要包括北京油鸡优良的肉品质的特性。

第三节　保种技术措施

一、北京油鸡的保种方式

一般采取保种场和基因库保种，保种场建立个体家系保种群和群体保种群1个以上，保种群世代间隔为1年。

1. 个体家系（家系等量随机选配）保种 个体家系是指每个家系只配有1只公鸡，母鸡做个体产蛋记录，按照系谱进行继代保种。保种群要求家系数不少于40个，母鸡不少于320只。个体家系保种具体实施步骤如下。

（1）从上一世代保种群（或基础群）中，根据系谱选留公母鸡个体，按照一定的配比组建保种群家系（每个家系1只公鸡，8～10只母鸡），建立各世代配种方案。

（2）组建的家系继代繁殖，在蛋壳上记录母鸡号。

（3）收集种蛋，按照家系个体排蛋孵化。每个世代留种蛋分两批孵化，以保证所有母鸡都有足够的后代；雏鸡佩戴翅号，记录系谱。

（4）采用家系等量随机留种。按照保护品种的标准和个体表型值的高低，在每个家系后代中选留种用公鸡和后备公鸡各1只，并选留2只后备母鸡，用于组建新的家系。对个别无后裔母鸡，用同家系中的其他母鸡的后裔递补。

（5）新世代组建家系时可按照随机选配的方法进行。先将所有母鸡随机分配到各个家系，再将选留的种公鸡随机分配到以上家系中，通过对所有家系交配个体的血缘关系检查，调整有血缘关系的个体，严格避免全同胞或半同胞交配。

2. 群体保种　群体保种的具体实施步骤如下。

（1）从基础群或上一世代保种群中，选择符合品种标准的适配公母鸡个体，按照一定的配比，组建保种群。

（2）收集种蛋孵化，进行继代繁殖，根据鸡群产蛋、饲养条件等具体情况确定繁殖批次。

（3）在全部后代中按照品种标准、品种特征和个体表型留种，留种方式可以是等量的（公母保持原比例，群体规模保持不变），也可以是不等量的（公母比例和群体规模发生变化）。

3. 血源更新计划　根据保种过程中的具体情况，报经主管部门批准，可定期在保种场和基因库间进行血液更新。

4. 保种技术档案的主要内容　保种中记录的技术档案包括配种方案、种蛋系谱孵化表、出雏记录表、饲养日报表、免疫记录表、体重测定记录表、体尺测定记录表、屠宰测定记录表、蛋品质测定记录表、群体产蛋记录表、个体产蛋记录表、产蛋性能汇总表等。

二、北京油鸡保种场的主要保种措施

（一）保种规模

北京油鸡保种群和选育群分开。保种群 60 个家系，母鸡 300 只以上。选育群群体大小根据育种需要确定，一般保持在 2 500 只以上。

（二）繁育方法

在保种群内建立 60 个家系，种鸡个体笼养，人工授精。各家系采用等量随机选配方法进行繁育，一年一个世代。油鸡保种群严格禁止与其他品种杂交。

通过家系等量随机选配法人工控制各家系的平衡，控制家禽品种保护过程中世代间近交系数的增量。具体做法如下。

（1）每个家系保持相同的公母鸡数量，公母比例为 1∶5。

（2）选留的与配公鸡均为上一世代的每个家系，选留的母鸡均为上一世代每只母鸡的后裔。

（3）个别母鸡无后裔时，在该家系中其他母鸡的后裔中随机选留替补。

（4）选留的鸡全部合并后随机重组新的家系。

（5）根据系谱核对新家系，每一家系中严格避免全同胞或半同胞组配。

（6）为了防止过度选育造成优良基因的丢失，保种群的生产性能不做高强度选育，性能指标控制在一定范围之内。

三、北京油鸡保种的技术指标

（1）通过适当的组织措施、技术措施以及经费支持，保证北京油鸡种群数量常年维持在 2 500 只以上，使之在今后不退化。

（2）保持北京油鸡特有的外貌特征。羽毛为黄色，主翼羽和尾羽允许为黑色。具有冠羽和胫羽（凤头和毛腿），部分个体有趾羽，少部分个体有髯羽。喙和胫呈黄色。

（3）保持北京油鸡优良的肉质性状和蛋品质。在保种的同时，通过纯系选育提高生产性能，但为了防止基因丢失，保种群的生产性能指标控制在合理范围内，即 90 日龄的鸡平均体重不超过 1.5 kg，500 日龄的鸡产蛋量不超过 150 枚。

（4）在油鸡品种内先后建立 3 个品系。

Ⅰ系：快羽系，母鸡 1 000 只，公鸡 100 只。

Ⅱ系：慢羽系，母鸡 1 000 只，公鸡 100 只。

Ⅲ系：保持系，母鸡 500 只，公鸡 50 只。

（5）世代间隔。为了克服北京油鸡早期增重慢、产蛋率低的缺点，加快选育进展，Ⅰ系和Ⅱ系世代间隔为 1 年。为了延缓近交系数的上升，保持系的世代间隔为 1.5 年。

第四节　保种效果监测

一、北京油鸡保种效果监测指标

保种效果监测是保种实施过程中的一项重要内容，是指每个世代保种中对不同性状进行记录。主要监测本品种需要保护的特征性性状，并选择一定的常规性状列入监测范围。对所有监测内容进行规范的档案记录，并定期检查保种效果。

1. 外貌特征性状监测　重点监测北京油鸡黄色和赤褐色两种羽色、"三羽"（凤头、毛腿和胡子嘴）和S状褶曲冠型特征各世代变化情况以及黄色和赤褐色两种羽色在群体中的比例。

2. 体重体尺监测　在每个世代的300日龄前后进行，测量体重、体斜长、胸宽、胸深、龙骨长、骨盆宽、胫长、胫围等相关参数。

3. 生产性能监测　产肉性能监测可选择上市日龄的鸡，抽测的公母鸡数量不少于30只，测定的指标包括屠宰率、半净膛率、全净膛率、胸肌率、腿肌率和腹脂率等。北京油鸡优异的肉质也是保种中需要重点监测的内容，每两个世代抽样测定一次肉品质指标，包括粗蛋白、粗脂肪、粗灰分、肌内脂肪含量，肌纤维密度、肌纤维直径、不饱和脂肪酸含量等。

4. 繁殖性能监测　包括开产日龄（达5％产蛋率的日龄）、43周龄和56周龄的产蛋数、就巢率、种蛋受精率和入孵蛋孵化率等。

5. 蛋品质监测　每两个世代监测一次，抽样测定43周龄所产蛋的品质（蛋重、蛋形指数、蛋壳强度、蛋壳厚度、哈氏单位、蛋黄比率），测定数量不少于30枚。

6. 分子水平监测　由畜禽种质资源库每两年测定一次。采用推荐的用于鸡微卫星DNA遗传多样性检测的30对微卫星标记，监测样本量为公、母各30只以上，采用群体平均杂合度（H）和多态信息含量（PIC）指标来反映群体遗传多样性。

二、北京油鸡保种效果监测工作

（一）北京市北京油鸡保种效果监测工作概况

北京市畜牧总站自2013年以来组织保种企业对畜禽遗传资源监测点开展动态监测工作。重点开展了以下3个方面工作：①按照本地品种（北京油鸡）畜禽遗传资源保护方案，通过组织保种单位开展继代繁育工作、性能测定工作等遗传资源保护工作，完成保种目标；②实施畜禽遗传资源保护效果监测，通过建立畜禽遗传资源监测点开展北京市品种资源的动态监测工作，完成群体数量、群体结构、外貌特征性状、体重体尺、生产性能等指标的表型监测工作；③对北京油鸡保种群开展分子遗传多样性监测工作。

在品种资源保护的基础上，每年按计划顺利完成北京油鸡保种群一个世代的性能测定和继代繁育工作。在组建新家系的过程中，从经过禽白血病、鸡白痢等疾病筛查阴性的上一代种鸡群中，选取外貌特征全、精液品质优良且家系分布广泛的公鸡作为北京油鸡保种群核心群公鸡，同时在母鸡群中也依据外貌特征全面、体重适中且健康的母鸡作为北京油鸡保种群核心群母鸡。

2017年从孵化性能、生长发育等方面对北京油鸡种质特性进行了性能测定和评价，建立了表型性状档案数据库，较好地保持了五趾及胡须等外貌性状，平均胫羽/趾羽和胫羽/髯羽分别可达99.91％和95.67％，冠羽率可达99.81％，公母鸡的双五趾比例分别为92.67％和70.83％。北京油鸡保种群平均受精率为82.59％，受精蛋孵化率为75.50％；12周龄公鸡平均体重为1 180 g，母鸡平均体重为984 g左右；保种群产蛋率在20周龄左右达到5％，在28周龄左右产蛋率达到最高峰，为71.12％，随后缓慢下降，并伴随小幅波动。总体而言，北京油鸡鸡蛋大小适中，蛋黄个大，蛋质优良。蛋重及蛋黄重都随着日龄的增加逐渐增加，43周龄平均蛋重为49.05 g，平均蛋黄重可达16.25 g，蛋黄比例高达33.13％；产肉性能方面，公、母鸡半净膛率分别为77.5％和75.4％，全净膛率分别为65.3％和62.3％。16周龄时公、母鸡腹脂率分别为1.31％和2.52％，公、母鸡皮下脂肪厚度分别为4.2 mm和4.0 mm（背部腰荐结合处）。

（二）北京油鸡微卫星DNA遗传多样性检测

北京市畜牧总站2017年采用29对微卫星标记先后对北京油鸡保种群100个个体进行了遗传多样性检测。通过计算等位基因数、等位基因频率、期望杂合度（He）、多态信息含量（PIC）分析了群体内的遗传变异。

多态信息含量（PIC）作为衡量基因变异程度高低的一个指标，当PIC≥0.5时，该基因座为高度多态座位，0.25≤PIC<0.5时，为中度多态座位，PIC<0.25时为低度多态座位。同时多态信息含量关系到该座位可用性及使用频率，多态信息含量越高，在一个群体中，该座位上杂合子比例则越大，提供的遗传信息就越多。在本检测中，29个微卫星座位中有17个位点处于高度多态，10个位点为中度多态，2个位点（MCW0098、MCW0222）为低度多态。29个微卫星座位的平均PIC为0.51，能够为评价北京油鸡的遗传多样性提供充分的信息，但我们可以看出，其中有2个位点为低度多态，提供的信息较少，可以在以后的遗传评估中舍去或替换成高度多态的位点。杂合度又称为基因多样

度，一般认为它是度量群体遗传变异的一个最适参数。在本次监测中，北京油鸡的平均期望杂合度为 0.57，显示北京油鸡具有丰富的遗传多样性和较高的选择潜力，同时采用的保种方法效果明显，有效地保存了群体的遗传变异（表 3-1）。

表 3-1　各微卫星标记遗传参数

位点	观察杂合度（Ho）	期望杂合度（He）	多态信息含量（PIC）
ADL0268	0.64	0.66	0.61
MCW0206	0.54	0.61	0.54
LEI0166	0.47	0.48	0.36
MCW0295	0.72	0.70	0.63
LEI0094	0.75	0.70	0.65
MCW0081	0.46	0.49	0.39
MCW0014	0.49	0.68	0.63
MCW0183	0.84	0.79	0.75
MCW0067	0.61	0.49	0.42
MCW0104	0.68	0.61	0.55
MCW0123	0.84	0.82	0.79
MCW0330	0.66	0.66	0.60
MCW0165	0.28	0.49	0.37
MCW0069	0.55	0.63	0.57
MCW0248	0.40	0.44	0.34
MCW0111	0.54	0.62	0.56
MCW0020	0.35	0.37	0.33
MCW0034	0.60	0.65	0.60
MCW0103	0.49	0.46	0.35
MCW0222	0.10	0.13	0.13
MCW0098	0.22	0.20	0.18
MCW0078	0.37	0.62	0.57
ADL0112	0.50	0.54	0.43
MCW0037	0.58	0.59	0.52

（续）

位点	观察杂合度（Ho）	期望杂合度（He）	多态信息含量（PIC）
ADL0278	0.33	0.31	0.29
MCW0216	0.49	0.48	0.42
LEI0234	0.64	0.84	0.82
MCW0016	0.71	0.64	0.57
LEI0192	0.75	0.75	0.72
平均	0.54±0.18	0.57±0.17	0.51±0.17

总体来说，2017 年共检测到 132 个等位基因，每个微卫星座位的观察等位基因数在 2～12 个，观察等位基因数平均为 4.6 个，多态信息含量和期望杂合度的平均值分别为 0.51 和 0.57，均大于 0.5，表现为高度多态性。说明北京油鸡保种群具有丰富的遗传多样性，北京油鸡在保种资源场得到了较为妥善的保存。

第五节　种质特性研究

从外貌特征、生长发育、肉用性能、繁殖性能、产品品质、遗传效应以及资源保护等方面进行种质特性研究。

一、北京油鸡的纯繁选育与杂交利用

通过对北京油鸡品种资源的调查研究，可以看出北京油鸡较好保持了其外貌特征、产肉性能、繁殖性能及肉蛋品质优良的种质特征，但其同时存在早期增重慢、腿高、胸窄、肌肉附着少、屠体不美观、就巢性强、产蛋率较低等缺点。针对北京油鸡的优缺点及柴鸡养殖的需要，北京市农林科学院北京油鸡中心和中国农业科学院北京畜牧兽医研究所北京油鸡保种场在建立北京油鸡保种群的基础上，坚持对北京油鸡育种群进行本品种选育与培育。采用与相应的专门化品系相结合的育种策略，先后筛选出了优良的蛋用和肉用配套系，不但充分保留了北京油鸡的外貌和肉质优点，而且极大地提高了生产性能。

经过科技人员多年的提纯复壮和选育工作，北京油鸡在外貌特征的一致性、生产性能等方面都有很大提高。北京油鸡种群现状如下。

1. **外貌特征** 羽色为一致黄色，杂色羽毛已经全部剔除，"三黄""三毛"和"五趾"特征一致性好，"三毛"特征比例达99％以上，"五趾"特征比例达90％以上。

2. **生产性能** 北京油鸡商品鸡一般110～120日龄上市，平均重1.4～1.6 kg。成年公鸡重2 500～2 800 g，母鸡重1950～2 150 g。母鸡开产日龄145～155 d，高峰产蛋率75％～78％，年产蛋量180枚以上。

3. **鸡肉品质** 商品鸡肉质优良，皮下脂肪丰富，颜色微黄，肌纤维细腻，肉质滑嫩，营养丰富。经研究发现，北京油鸡肌肉中游离氨基酸、不饱和脂肪酸等风味物质的含量显著高于其他鸡种，其中肌肉（胸肌）中游离氨基酸含量达到6.4 g/kg，肌内脂肪含量达到10.9 g/kg，不饱和脂肪酸含量达到4.9 g/kg。因此，北京油鸡鸡味浓郁、口味鲜美，烹调时即使只加水和盐清煮，鸡汤也非常鲜美，无任何腥味。

4. **鸡蛋品质** 北京油鸡鸡蛋大小适中，蛋壳粉色，蛋形指数为1.25～1.35，平均蛋重50～54 g，符合优质土鸡蛋的标准。蛋黄占比大，蛋黄比率高达30％，卵磷脂含量高于普通鸡蛋30％～40％。口味纯正，无腥味。

5. **配套系选育** 选育北京油鸡专门化品系4个，已经选育11个世代，经相互配套可形成4系配套肉蛋兼用型配套系1个，商品代鸡可以羽速自辨雌雄。每只种鸡经过基因检测，鱼腥味敏感基因全部得到剔除，确保鸡蛋无腥味。

6. **育种新技术** 建立鱼腥味敏感基因、五趾性状分子检测方法，并获得国家发明专利。建立基于RFID的计算机智能育种信息平台，实现种鸡生产性能自动采集和智能育种。

7. **疾病净化** 近5年，保种资源场投入大量的人力和财力，开展种鸡禽白血病、鸡白痢、支原体等垂直性传播疾病的净化，目前这三种病的净化已经符合国家种鸡健康标准。

北京油鸡与其他多个品种的鸡具有良好的杂交配合效果，选择不同的配套系，可生产出满足不同市场需求的杂交商品鸡。相关配套系商品鸡外观漂亮，接近纯种北京油鸡，推广以后在市场上很受欢迎。北京油鸡配套系商品鸡的推广数量从2005年开始迅速上升，养殖区域以北京郊区为主、外地为辅。

二、北京油鸡的遗传育种技术研究

过去的几十年里，对肉鸡的选择主要集中在生长性能的提高和鸡肉组成的改变上，由于胸肉和腹脂量具有较高水平的遗传力，因此通过选择已经有了很大改进。胸肉产量的提高和腹脂的减少已能满足消费者的饮食需求和加工者追求利润的目的，但这种选择在提高产量和利润的同时，也使鸡肉的口感下降。

（一）北京油鸡蛋品质性状遗传参数的估计研究

估计动物数量性状的遗传参数，研究数量性状的遗传规律是动物育种者制订合理选育方法的重要手段。过去几十年里，对蛋鸡的选育主要集中在产蛋性能的提高和体型外貌的改变上。通过选择，产蛋性能有了很大提高。但事实证明，这种选择提高了产量，鸡蛋口感却明显下降。越来越多的消费者开始追求好吃的鸡蛋，或者有保健作用的功能鸡蛋，因此蛋品质性状的育种就成为当前育种工作的重点（表 3-2）。

表 3-2　北京油鸡蛋品质遗传力

性　　状	遗传力
蛋重（g）	0.69
蛋白高度（mm）	0.13
哈氏单位	0.11
蛋形指数	0.31
蛋壳颜色（%）	0.56
蛋壳强度（kg/cm^2）	0.23
蛋黄颜色	0.25
蛋黄重（g）	0.52
蛋白蛋重比（%）	0.58
蛋黄蛋重比（%）	0.53
蛋黄蛋清比（%）	0.54
干物质（%）	0.21
粗脂肪（%）	0.31
卵磷脂（mg/g）	0.31
脑磷脂（mg/g）	0.22

（二）性连锁羽型基因（k/K）对体重及胴体性状的效应

关于性连锁羽型基因（k/K）对体重及胴体性状的效应研究表明：①k/K

基因对北京油鸡生长速度有显著影响，早羽型各日龄体重均重于晚羽型，但基因型效应与年龄关系密切，羽型间体重差异从 35～56 日龄，直至于 70 日龄呈上升趋势，而从 70～90 日龄则变小；②北京油鸡晚羽型（$Z^K Z^k$、$Z^K W$）的产肉性能并不比早羽型差，两者 90 日龄前体重的差异在很大程度上可归因于其羽毛生长量的差异，也就是说，K 基因对该种鸡羽毛生长的负效应在其 90 日龄时仍然存在着；③K 基因对该种鸡羽毛生长及 35～90 日龄体重存在显著的剂量效应。

（三）体重及胴体性状遗传规律

研究表明北京油鸡活体重、胴体重、胴体组分重及其占活体重的百分率的遗传力较高（0.3～0.8），屠宰率和净膛率的遗传力较低（0.1～0.3），胴体组分绝对重量间存在较强正相关，而胴体组分百分率间的遗传相关则很小，甚至是负的；腹脂重和腹脂率的遗传力很高，说明对其可能有主基因效应存在；胸肌重与腹脂重、胸脂率与腹脂率之间均存在较高的负遗传相关，此关系可用于制订该鸡的育种计划。

（四）北京油鸡多趾 SNP 研究

五趾性状作为北京油鸡典型外貌特征之一，是北京油鸡屠宰后屠体的一个重要标志，同时作为包装性状，在育种工作中多趾个体会被优先保留下来。经典遗传学研究将鸡多趾性状的遗传规律确定为常染色体不完全显性遗传，并发现 ZRS（zone of polarizing activity regulatory sequence）是影响多趾发育和形成的关键性区域。现有的遗传研究表明，多趾性状受不完全显性的常染色体控制，且可能受未知修饰因子和抑制因子的影响。北京市畜牧总站联合中国农业大学通过 GWAS 结合候选基因法，挖掘得到决定北京油鸡多趾性状的 SNP 位点，并建立 RFLP-PCR 方法，实现多趾基因快速检测，并着手开展分子标记辅助育种。

（五）微卫星标记鉴定北京油鸡的方法

中国农业科学院北京畜牧兽医研究所成功开发出一种利用微卫星标记鉴定北京油鸡的方法，该方法是以待测鸡的基因组为模板，以 5′-TGCGGAGAG-CAATTAGTCTGC-3′ 和 5′-GGAAAACAATCACTGCCTCG-3′ 为引物，对

LEI0070 微卫星座位进行 PCR 扩增及测序，根据测序结果，统计该微卫星座位上各等位基因的频率，如果大小为 201 bp、205 bp 和 207 bp 的 3 种等位基因频率之和在 75％以上即鉴定为北京油鸡。该方法具有操作简便、检测费用低廉和准确性高的特点。

三、北京油鸡的优良肉质特性研究

肉品质主要包含 3 个方面，即颜色、风味和肉质特性，对北京油鸡的肌肉组织学特性分析研究表明，北京油鸡的肌纤维结构特性是影响其肉品质的关键因素。与白来航鸡和 AA 肉鸡相比，北京油鸡有着明显的肉质特性：首先，其肉质细嫩，因为其纤维束直径明显小于其他品种；其次，其肉质紧实、均匀，肌纤维指数较白来航鸡小，因为其肌内膜最薄；最后，其绵软度最小，口感更柔和，这受其整体纤维特性的影响。因此，北京油鸡的确是优良的肉用品种。

在肉质性状方面，利用北京油鸡和科宝肉鸡杂交建立的 F2 代群体和 Illumina 60K Chicken SNP Beadchips 进行全基因组关联分析，共鉴定到 14 个基因和胸肌肌内脂肪含量、肉色、腹脂重和腹脂率相关。

在国家科研项目支持下，中国农业科学院北京畜牧兽医研究所对北京油鸡的优良肉质特性从生化和遗传机理上开展了较深入的研究。以北京油鸡为对象，对肌苷酸和鸡肉脂肪等重要风味物质含量的遗传参数进行了评估；以北京油鸡为资源群体，开展了与肉品质性状相关的遗传分子标记的筛选等研究工作。

（一）北京油鸡鸡肉脂肪和肌苷酸沉积规律的研究

鸡肉肌苷酸（IMP）和肌内脂肪（IMF）的含量与鸡肉风味品质密切相关，脂肪决定了鸡肉特殊的肉香味，而 IMP 却是一种重要的滋味物质。不同的消费者对肉鸡的品种、年龄、性别乃至部位都有不同偏好，这除了与风俗习惯有关外，更重要的是对品质和风味特性的选择。通过比较北京油鸡不同性别、不同日龄和不同部位脂肪和 IMP 的含量，发现 28～90 日龄内，年龄对 IMP 含量的影响相对较小；部位对 IMP 含量的影响最大，不同日龄胸肌 IMP 含量高于腿肌 23％～44％；品种间 IMP 含量存在显著差异，北京油鸡比快大型肉鸡含量高 6％～30％，推断北京油鸡鸡肉口感风味优于其他鸡肉，可能与风味成分 IMP 含量较高有关。对鸡肉脂肪的研究表明，日龄和部位对鸡肉脂肪含量的影响显著。随日龄增加，脂肪沉积的速度加快；腿肉的脂肪含量大大高于胸肉，为胸肉的 3～4 倍。胸肉与腿肉之间 IMP 和脂肪含量差异的生化与分子机理正在进一步研究中。

（二）以北京油鸡为种质资源的分子遗传标记及表达调控的研究

以北京油鸡为试验材料，对与 IMP 代谢有关的 *AMPD1* 基因和与 IMF 含量有关的 *A-FABP* 基因进行了单核苷酸多态性检测（SNPs）并分别进行性状关联分析，发现与 IMP 和 IMF 含量有关的多态位点，且 *A-FABP* 基因多态位点不同基因型间腹脂率、皮脂厚、IMF 含量差异极显著（$P < 0.01$），由此判定，*A-FABP* 可能为影响鸡脂肪代谢的主效基因或与主效基因相连锁。以北京油鸡等为试验动物，通过荧光定量 PCR 分别对 56 日龄、90 日龄和 120 日龄北京油鸡 *H-FABP*、*A-FABP* 基因表达进行定量分析，结果表明，*H-FABP* 基因 mRNA 表达量随日龄增长呈递减趋势，而 *A-FABP* 基因 mRNA 表达量随日龄增长呈明显递增趋势；同时表现出显著的品种和性别效应（$P < 0.05$），北京油鸡 *H-FABP* 基因表达量显著高于矮脚鸡和白来航鸡；性别对 *A-FABP* 基因表达量也存在极显著影响（$P < 0.01$），公鸡 *A-FABP* 基因 mRNA 表达水平显著高于母鸡。

四、北京油鸡的鸡肉风味研究

北京油鸡肌肉中鲜味物质肌苷酸含量显著高于速生肉鸡及蛋鸡，风味物质十八醛、乙基异丙醚等成分含量显著高于速生肉鸡，而肉豆蔻醛、棕榈酸乙酯等成分是后者所没有的。

在北京油鸡胴体化学成分及营养价值研究中，以北京石岐黄羽肉鸡作为对照，测定项目包括粗蛋白、粗脂肪、粗灰分、氨基酸和脂肪酸等。北京油鸡在产肉性能方面的劣势在于其公鸡皮、脂、肉总重与骨重之比较低；十八碳链单不饱和脂肪酸（C18：1）和双不饱和脂肪酸（C18：2）是鸡胴体脂肪的主体。北京油鸡 C18：1 含量较石岐黄羽肉鸡高，而 C18：2 则相反。公鸡的 C18：2 含量显著高于母鸡。北京油鸡体内含有较多的芳香族氨基酸，即苯丙氨酸和酪氨酸，这对其独特风味可能有一定贡献；性别对皮肉脂混合样的粗蛋白率和粗脂肪率效应极显著，对一些脂肪酸和氨基酸的百分含量也有显著影响。

五、北京油鸡的模式动物研究

（一）北京油鸡的抗病育种研究

北京油鸡为中国优秀地方种质资源之一，突出特点是肉质细嫩、肉味鲜美，同时耐粗性好，外貌别致。北京油鸡不仅能成为餐桌上的美食，同时还是研究肉品特性、耐粗性及疾病抗性的理想模式动物。

抗病育种为家禽研究的重点之一，选用北京油鸡为动物模型，研究禽白血病等疾病的抗性差异，分离鉴定差异表达基因，并进行序列分析，最终目标是以分子育种手段提高鸡对疾病的遗传抗性。

（二）利用蛋白质组学技术研究北京油鸡体脂分布及沉积规律

研究发现 28～90 日龄内，年龄对 IMP 含量的影响相对较小；部位对 IMP含量影响最大，不同日龄胸肌 IMP 含量高于腿肌 23％～44％；品种间 IMP 含量存在显著性差异，北京油鸡比快大型肉鸡 IMP 含量高 6％～30％，推断北京油鸡鸡肉口感风味优于其他鸡肉，可能与风味成分 IMP 含量较高有关。

如何在保证经济效益的前提下，有效地提高肌肉中脂肪含量，降低皮下脂肪和腹部脂肪的含量，生产出满足人们需要的高品质鸡肉，已成为肉鸡生产中待解决的重大课题。通过开展利用蛋白质组学技术研究北京油鸡肌肉发育和肌内脂肪沉积规律等工作，先后筛选出北京油鸡胸肌组织中 4 个生长阶段的差异表达蛋白。研究以北京油鸡为素材，首次全面系统地探讨脂肪在北京油鸡整个生长阶段的沉积规律及其分布情况，旨在为有效地控制家禽脂肪沉积量和分布提供一定的理论基础，对肉鸡生产和肉质改良具有重大的现实意义。

第四章
品 种 繁 育

第一节　生殖生理

一、公鸡的生殖生理

（一）公鸡的生殖器官

公鸡的生殖器官由睾丸、附睾、输精管和退化了的生殖突起所组成。睾丸位于公鸡腹腔内的脊柱两侧，贴近肾前叶，以睾丸系膜与腹腔背壁相连。睾丸是精子生成、雄激素合成和分泌的重要器官，其内分泌功能对公鸡第二性征的发育和维持以及性行为的发生极为重要。睾丸由曲细精管、精管网和输出管组成，输出管集合为输精管。附睾位于睾丸内侧，体积小，附睾后端与输精管相连。附睾和输精管是精子储存和成熟的场所。输精管末端形成的一个白色球形突起位于泄殖腔腹中线，又称生殖突起，其两侧有"八"字状襞，构成退化了的交尾器官。根据初生雏鸡泄殖腔内是否存在上述器官可以鉴别雌雄。

（二）公鸡的发育和性成熟

鸡的性别在受精时已确定。在胚胎发育的 4.5 d 以前，性腺发育处于未分化阶段，即公母两性性腺在形态上尚无明显区别。在胚胎发育的 8.5 d 左右，生殖嵴才分化为形态差异较大的睾丸或卵巢。

初生公雏睾丸很小，为灰黄色、橄榄状，总重量约为 0.02 g。性成熟前睾丸急剧增大，成年北京油鸡双侧睾丸的总重量接近 40 g，为白色、蚕豆状。公鸡左侧睾丸通常比右侧略重。繁殖高峰期过后，睾丸发生一定程度萎缩，总重量减小。

鸡冠是鸡重要的第二性征，也是反映性成熟与否的一个重要外观指标。在雄激素的调控下，公鸡的鸡冠和肉髯发育较快，与母鸡相比颜色也更红艳。北京油鸡通常在 8 周龄左右即可通过鸡冠和肉髯的大小和颜色进行大致的公母的区分（图 4-1）。北京油鸡公鸡 10 周龄左右开啼，18 周龄左右达到性成熟，主要表现为可产生精子，21 周龄左右精液品质渐趋正常。北京油鸡繁殖能力突出，采精反射好，通常在自然交配或者人工授精时一只公鸡配 10 只母鸡仍可获得高受精率。精子一般在母鸡输卵管内可以存活时间较长，甚至达到 30 d。

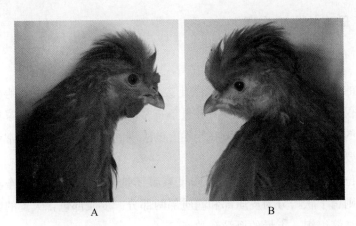

图 4-1 8 周龄北京油鸡公鸡（A）和母鸡（B）外观

（三）公鸡的精子生成

公鸡繁殖上的主要功能是产生有受精能力的精子。公鸡两侧睾丸均具有功能，性成熟的公鸡每秒钟可以产生大约 35 000 个精子。

1. 精子的形态 鸡精子的形态与哺乳动物的差异较大，为长圆柱状，两端呈锥形，由顶体、头部、中段和尾部组成。精子长 90～100 μm，最宽处宽约为 0.5 μm，体积为 10 μm^3；头部较细小，主要是细胞核，细胞质很少；精子尾部较长，主要是线粒体和细胞骨架，为精子运动和受精提供能量和动力。

2. 精子的发生 精子发生是一个复杂的细胞分化过程，在已性成熟公鸡的睾丸曲细精管中进行，是指精原细胞经过一系列的分裂增殖、分化变形，最终形成完整精子的过程。精子发生可以分为以下 3 个主要阶段。

（1）精原细胞有丝分裂 精原细胞通过有丝分裂产生两类细胞，一类不进入精子发生周期，继续保持有丝分裂的能力；另一类进入精子发生周期，通过分化途径形成精子。

（2）**精母细胞减数分裂**　进入精子发生周期的精原细胞发育为初级精母细胞，进行染色体复制，初级精母细胞第一次减数分裂产生次级精母细胞后，很快进行第二次减数分裂，产生单倍体的圆形精子细胞，完成减数分裂。

（3）**精子形成**　圆形精子细胞经过细胞核的浓缩，顶体生成，核蛋白转型，染色质的浓缩包装，鞭毛、轴丝的发生及尾部的成型分化，最终形成精子。

二、母鸡的生殖生理

（一）母鸡的生殖器官

母鸡的生殖器官由卵巢和输卵管组成，右侧的卵巢和输卵管在孵化中期以后退化，仅左侧卵巢与输卵管发育并具备正常的生殖机能。这也是家禽不同于哺乳动物的左右性腺不对称发育在雌性上的表现。这种发育特征通常认为与禽类飞行需要较小的体重有关。

卵巢位于左肾前叶的腹面，以卵巢系膜韧带与腰部背侧壁相连，为灰白色、不规则扁平状，分为皮质部和髓质部两部分。皮质部包含大量的卵泡，髓质部包含结缔组织、大量的血管和神经。

输卵管为管状器官，沿着卵巢与背骨行走。分为5个部分：漏斗部、膨大部、峡部、子宫部和阴道部，每个部分有相应的功能。漏斗部收集卵巢排出的成熟卵细胞，如果母鸡经过交配，精子与卵细胞也在漏斗部受精；膨大部是输卵管最长的部分，壁较厚、腺管多，包括管状腺和单细胞腺，分别分泌稀蛋白和浓蛋白；峡部窄而且短，内部纵褶不明显，蛋的内外壳膜在峡部形成，鸡蛋的典型形状就是由壳膜形成的；子宫部也称为壳腺部，分泌子宫液、形成蛋壳和胶护膜，有色蛋壳的色素也在子宫部分泌；阴道部开口于泄殖腔背壁的左侧，蛋产出时，阴道自泄殖腔翻出，因此蛋并不经过泄殖腔，交配时，阴道也同样翻出接受公鸡的精液。子宫部和阴道部交接处存在一种特殊的管状腺，称为储精腺，能使鸡精子在输卵管内长期存活，并保持受精能力。

（二）母鸡的发育和性成熟

北京油鸡母鸡从 10 周龄左右起，卵巢滤泡逐渐积累营养物质，滤泡渐渐增大。18周龄左右接近性成熟时，卵黄迅速沉积，卵巢表面有几个淡黄色、黄豆至葡萄大小的卵泡，并有许多待发育的颗粒状结节；成年母鸡的卵巢为葡萄串状，表面有大小不等的卵泡（图4-2），输卵管也逐渐增粗和变长。当卵泡发育到一定时期成熟后，卵黄便从卵泡膜中排出来。母鸡性成熟的标志即是产出第一枚蛋，也称为开产。在现代化笼养条件下，北京油鸡母鸡通常22周龄开产，开产体重约为1.4 kg。通过多世代连续对北京油鸡母鸡进行产蛋数性状的选择，可以使群体的开产时间提前。

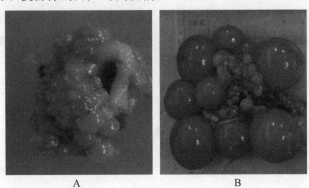

A   B

图4-2 性成熟前后（A）和成年（B）北京油鸡母鸡卵巢

（三）蛋的形成与产出

在孵化过程中，雌性原核细胞增殖为卵原细胞，到孵化后期或雏鸡出壳后，卵原细胞停止增殖并发育为初级卵母细胞，以后一直持续到性成熟，排卵前1~2 h发生核的成熟分裂，成为次级卵母细胞，并放出第一极体。排出的次级卵母细胞即卵黄，完成第二次减数分裂，形成成熟的卵母细胞并放出第二极体，第一、第二极体随后被吸收。成熟的卵母细胞经过输卵管膨大部分泌形成稀蛋白和浓蛋白，接着经过峡部形成内外蛋壳膜，在子宫部形成蛋壳以及壳上胶护膜、蛋壳色素等。最后成形的蛋在输卵管阴道部产出。蛋在形成的过程中，在子宫部的停留一直保持锐端向下，产蛋之前转动180°，约90%是以钝端先行产出。产蛋时，子宫部有力收缩的同时，阴道的括约肌松弛，蛋被推进阴道，阴道壁全面扩张，引起产蛋动作发生，从而把蛋排出。

（四）蛋的结构

1. 蛋壳 完整的蛋壳呈长圆形，一般用蛋形指数（蛋的长径/蛋的短径）

来表示蛋形。北京油鸡蛋略圆，蛋形指数一般在 1.25～1.35，蛋壳细致均匀，厚薄适中。北京油鸡蛋壳多为浅褐色（粉色）。蛋壳重约占全蛋重的 10%。

2. 壳膜 壳膜为包裹在蛋白之外的纤维质膜，壳膜分为两层：外壳膜紧贴蛋壳，内壳膜附着在外壳膜的内层，内壳膜与外壳膜在蛋的钝端分离构成气室。

3. 蛋白 蛋白是半流动的透明胶状物质，约占全蛋重 57%。蛋白的主要成分是水，蛋白质含量占 12%，主要是卵白蛋白。

4. 蛋黄 蛋黄多居于蛋白的中央，由卵黄系带悬于两极。蛋黄的主要组成物质为卵黄磷蛋白，脂肪含量为 28.2%。北京油鸡的蛋黄比例较大，约占全蛋的 33%。

5. 卵黄系带 卵黄的两端由浓稠的蛋白质组成卵黄系带，它使卵黄维持在蛋白中心，起着缓冲作用。

6. 卵黄膜 紧贴在卵表面的一层膜，具有保护的功能。

(五) 畸形蛋的形成原因

北京油鸡生产中偶见一些畸形蛋，如小蛋、蛋包蛋、双黄蛋、软壳蛋和皱壳蛋等。

1. 小蛋 多在刚开产时出现，与鸽蛋大小相近，为球形，这种蛋内有的无蛋黄，而常有异物。

2. 蛋包蛋 特大的蛋打开后里面还有一个正常的蛋。造成这种现象的原因是形成一个正常的蛋后，母鸡受到惊吓，引起输卵管突然收缩发生逆蠕动，已形成的蛋又被推回到输卵管上端，再次下移时，又重复被蛋白、壳膜和蛋壳等物包裹而形成。

3. 双黄蛋 一个蛋壳中含有两个卵黄的蛋，比普通蛋大。在初产或盛产季节，两个卵细胞成熟时间相近被同时排出，并在输卵管中被蛋白、壳膜和蛋壳包在一起形成双黄蛋。

4. 软壳蛋 鸡蛋壳膜外无正常蛋壳包裹。通常因饲料中缺乏钙、磷和维生素 D，或是钙和磷比例失调引起；其次是病理方面的原因，如母鸡子宫部蛋壳分泌腺功能失常或接种疫苗时，母鸡出现应激反应，受惊吓而提高了输卵管的蠕动速度，迫使提前产出无壳蛋。

5. 皱壳蛋 由于母鸡的输卵管反常收缩，致使蛋壳出现各种形状和花纹。

在北京油鸡母鸡的饲养过程中，加强饲养管理、使用营养物质全面的配合饲料，并尽量避免鸡群应激，可有效减少上述畸形蛋产生。

三、种鸡繁殖性能的调控技术

(一) 激素调控

种鸡生殖系统的功能依赖于下丘脑-垂体-性腺轴对其进行的神经内分泌和内分泌调控。下丘脑接收外界刺激产生的信号，传递给垂体，垂体释放相应的激素，调节性腺功能。

除下丘脑-垂体-性腺轴外，肝、肾上腺、甲状腺和松果体等分泌的相关激素也有调节作用。这些组织器官之间相互作用的整合对繁殖系统的功能维持十分重要。参与调控种鸡繁殖性能的激素及主要作用如下。

1. 雄激素　睾丸分泌，维持公鸡第二性征，促进精子发生，维持公鸡的性欲、代谢和好斗性等。

2. 雌激素　卵巢分泌，维持母鸡第二性征，刺激宫缩，对下丘脑和垂体进行反馈调节。

3. 促性腺激素释放激素和促性腺激素抑制激素　下丘脑分泌，前者促进腺垂体释放促卵泡素和黄体生成素，后者抑制腺垂体释放促卵泡素和黄体生成素。

4. 催产素　下丘脑分泌，刺激输卵管平滑肌收缩，促进排卵。

5. 褪黑激素　松果体分泌，抑制促性腺激素释放激素和促性腺激素的释放，使性腺萎缩。

6. 加压素　下丘脑分泌，引起子宫收缩，促进蛋的产出。

7. 促卵泡素　腺垂体分泌，刺激母鸡卵泡生长和分泌雌激素；刺激公鸡睾丸细管生长及精子的产生。

8. 黄体生成素　腺垂体分泌，促进卵巢合成雌激素、卵泡发育成熟并排卵；刺激睾丸产生雄激素。

9. 催乳素　腺垂体分泌，参与母鸡就巢。

10. 甲状腺素　甲状腺分泌，促进生长、提高产蛋量以及刺激新羽毛生长而引起换羽。

11. 前列腺素　来源于全身各组织，引起子宫收缩，促进蛋的产出等。

（二）光照调控

光照是生物体的重要生活环境因素之一。禽类具有发达的感光机能，光线通过光感受器被感知，并转变为生物学信号，对生长发育和繁殖性能等方面产生影响。在现代养禽业中，通过人工优化光照环境已成为促使其性能得以最大程度发挥的一项重要手段。北京油鸡种鸡参考光照方案见表4-1。

表4-1　北京油鸡种鸡参考光照方案

周龄	光源	光照度（lx）	每天光照时长（h）
1	节能灯/LED	30	24
2～7	节能灯/LED	10	20～10（每周递减2 h）
8～18	节能灯/LED	5	9
19	节能灯/LED	10	10
20	节能灯/LED	10	11
21	节能灯/LED	10	12
22	节能灯/LED	10	13
23	节能灯/LED	10	13.5
24	节能灯/LED	10	14
25	节能灯/LED	10	14.5
26	节能灯/LED	10	15
27	节能灯/LED	10	15.5
28～淘汰	节能灯/LED	10	16

第二节　种鸡的饲养管理、选择和配种方法

一、北京油鸡种公鸡的饲养管理与选择

（一）饲养管理目标

种公鸡的品质直接影响到种蛋的受精率和种鸡场的经济效益。种公鸡的饲养管理目标是培育出体型适中、体质良好、精液品质优良的健康公鸡，以获得较高的受精率。

(二) 饲养管理要点

育雏期和育成期应保证种公鸡体型适中、达到标准体重且群体均匀度良好。预产阶段，饲料中适当添加维生素，以促进性器官的发育，保证性成熟和体成熟一致。有条件的种鸡场在产蛋期可换用种公鸡专用料，给予种公鸡足够的营养，提高精液品质。配种期公母比例要适宜，轮换使用公鸡，防止过度采精。

(三) 北京油鸡种公鸡的选择

1. 初生挑选　选择卵黄吸收良好、泄殖腔干净、绒毛整洁、体格健壮、精神活泼、叫声清脆、握时双腿蹬弹有力、生殖器突起明显、体重在平均值±5%的公雏。

2. 56 日龄挑选　按个体称重，测量胫长、胫围和体斜长等体尺指标，选留符合北京油鸡品种/品系外貌特征、体格健壮、精神状态良好、鸡冠发育快且鲜红、体重在平均值±15%的公鸡。

3. 上笼前挑选　选择雄性特征表现明显、鸡冠和肉髯大而颜色鲜红、羽毛鲜亮、具有明显品种特征、体格健壮、双腿结实、腹部柔软、体重中等、按摩腹背部时有性反射且禽白血病和鸡白痢沙门菌检测阴性的公鸡。

4. 配种前挑选　此时公鸡已经性成熟，选择体格健壮、体重符合标准、性征明显、精液品质良好且禽白血病和鸡白痢沙门菌检测阴性的公鸡。按照一定公母比例留种公鸡，并准备一定比例的后备种公鸡。对于有明确选育目标性状的品系，选择符合性状选育方向的种公鸡。

二、北京油鸡种母鸡的饲养管理与选择

1. 饲养管理目标　种母鸡体格健壮、群体整齐、性成熟一致、适时开产、高产稳产、蛋重合格，种蛋具有较高的受精率、孵化率和出雏率，繁育健康雏鸡，完成制种需求。

2. 饲养管理要点　育雏期和育成期严格控制光照和采食量，保证种母鸡体型适中、达到标准体重且均匀度良好，防止性早熟。预产阶段，实行全进全出制转群，合理过渡产蛋期饲料，控制光照，适时开产。北京油鸡具有发达的冠羽，会造成视觉障碍，影响转入新鸡舍后的饮水和采食。因此，在转群前，

有必要对冠羽进行修剪，主要是修剪覆盖眼睛及两侧的羽毛，以不影响视力为准（图4-3）。产蛋期饲料配方合理，并根据母鸡产蛋率适当控制饲料成分和喂料量，严格控制光照，减少应激的发生，并做好生产记录。

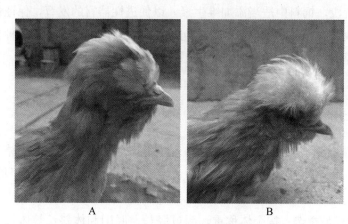

图4-3　上笼北京油鸡母鸡修剪眼周冠羽

A. 修剪前　B. 修剪后

3. 北京油鸡种母鸡的选择　种母鸡要求体格健壮、羽毛丰满、体型和体重符合品种要求、耻骨间距大、产蛋能力强、所产蛋大小适中，蛋壳颜色和蛋黄、蛋白品质符合品种/品系要求。对于有明确选育目标性状的品系，选择符合性状选育方向的种母鸡。

三、公鸡精液品质的评价

精液品质是衡量种公鸡繁殖性能的重要指标，适时淘汰精液品质较差的种公鸡可以降低饲养成本、提高种鸡生产效率。常用的精液品质指标和评价方法如下。

1. 颜色　正常的公鸡精液颜色呈乳白色，被粪便污染的呈黄褐色，被血液污染的呈粉红色，被尿酸盐污染可见呈白色絮状物，透明液过多呈水渍状。污染物会引起精液品质下降，训练采精时经常有排便反射的公鸡可予以淘汰。精液被血液污染可能是采精员手法过重，也可能是公鸡患有生殖道炎症。

2. 气味　公鸡精液稍带腥味。

3. 射精量　北京油鸡一次射精量为 0.4~1.0 mL，可以通过带有刻度的注射器或者通过称重的方式进行快速测定。

4. **精子活率** 活精子数占所观测总精子数的比例，可以通过苏木精-伊红染色后用显微镜观察进行判定。死精子因头部细胞膜通透性改变，染料可以进入细胞膜；而活精子头部不被染色。

5. **精子活力** 直线前进的精子数占所观测总精子数的比例，通常用 10 分制评定，例如，直线前进的精子数占所观测总精子数的比例为 100%，记为 10 分，比例为 10%，记为 1 分。可以通过 37 ℃生理盐水稀释后在相差显微镜下观察。北京油鸡精子活力与受精率的相关系数为 0.66，表明精子活力是判断种公鸡受精能力的重要指标。

6. **精子密度** 以每毫升精液的精子数表示，精子密度和受精能力之间有直接的正相关。鸡精液的精子密度较高，品质好的精液每毫升的精子数量为 40 亿个以上，在显微镜下可见整个视野完全被精子所占满。可以通过 37 ℃生理盐水稀释后在相差显微镜下通过红细胞计数器进行观察准确计数，或者显微镜下根据视野直接观察进行快速估测，可分为密、中等、稀三个等级。有条件的种鸡场也可以通过分光光度计进行批量测定。

7. **畸形率** 形态异常的精子占计数精子的比例。通过结晶紫染色后镜检，异常精子主要有尾部盘绕、断尾、无尾、盘绕头、勾状头、破裂头、小头、钝头、气球头和丝状中断等状态。

8. **酸碱度（pH）** 鸡精液为中性，正常 pH 为 7 左右。在某些病理条件下，精液 pH 发生改变。pH 小于 6 时，会使精子运动缓慢，pH 大于 8 时，精子运动加快，迅速死亡。

四、配种方法的选择

种鸡的配种方法有人工授精和自然交配 2 种。北京油鸡性情温驯、体格适中，公鸡人工采精反应良好，目前规模化笼养北京油鸡种鸡均采用人工授精，少量散养可采用自然交配。下面就不同配种方法的具体操作进行详述。

（一）人工授精

家禽的人工授精技术始于 20 世纪 30 年代，经过发展和完善，目前已经成为家禽生产上广泛使用的一种人工辅助交配技术，由人工授精并借助一定的器具将精子输入母鸡输卵管。人工授精大大提高了种公鸡的利用效率，减少了种公鸡的饲养量和管理成本，具有重要的实际应用价值。

1. 北京油鸡种公鸡的采精训练 一般在正式配种前1~2周进行种公鸡的采精训练和精液品质测定，每隔一天进行一次，淘汰采精反射差、精液品质差、经常有排粪反射及腹泻的公鸡。公鸡采精前还要检查鸡虱感染情况，一旦发现，及时喷洒灭虱药物，待虱驱除干净后再进行采精。北京油鸡公鸡尾羽丰富，会影响精液收集，甚至污染精液。因此，可以提前剪去泄殖腔周围的羽毛（图4-4）。

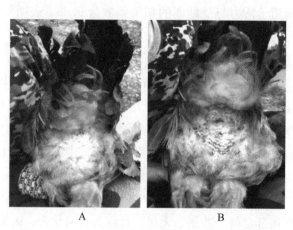

图4-4 北京油鸡公鸡采精前剪去泄殖腔周围的羽毛

A. 修剪前 B. 修剪后

对选定的公鸡每天或隔天采精1次，与白来航和洛岛红等引进品系相比，北京油鸡公鸡具有较好的采精反射，一般经5~7 d的按摩采精训练便可达到使用要求。

2. 采精 为防止输入的精液被产蛋影响，采精和输精一般在大部分鸡产蛋结束即下午3~4时进行，同一只公鸡可每隔1~2 d采精一次。一次采精的种公鸡只数，视采精员、输精员操作的熟练程度和采出的精液能在30 min内用完为准。

（1）公鸡的保定 采精前，1人抱起公鸡，左右两手握住公鸡大腿根部，使其以自然宽度分开，将鸡头向后轻挟于左腋下，使其呈卧伏姿势。或者将公鸡俯在鸡笼门处，泄殖腔朝外。

（2）按摩采精 采精者先用左手轻轻地由鸡的背部向后至尾根按摩数次，拇指与其他四指分开放入耻骨下方做腹部按摩的准备。在按摩背部的同时，观察泄殖腔有无外翻或呈交尾动作。泄殖腔外翻后可见到勃起的乳头状突起，即交尾器，拇指和食指在泄殖腔两侧稍施压力，公鸡便开始射精。另一操作者应迅速将集精杯放在泄殖腔下方，将精液收集入杯（图4-5）。集精杯不要太靠近泄殖腔，以避免精液被污染。采精时，与精液接触的一切器械都必须经过清洗、灭菌和干燥后使用。

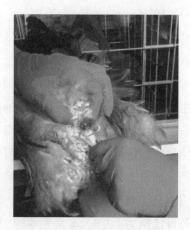

图4-5 按摩法采集北京油鸡
公鸡精液

3. 精液稀释 鸡精液精子密度大、精液黏稠、精液量少，输精量很难掌握，且精子在体外的存活时间比较短。稀释液的主要功能是提供精子代谢的外来能量，保持精液合适的渗透压和电解质的平衡，缓冲 pH，防止有毒离子的伤害，控制细菌生长，扩大精液量，便于输精，从而提高种公鸡利用率和人工授精效率。根据采集精液的品质，精液与稀释液的混合比例在（1∶2）～（2∶1）。比较常用的稀释液有 BJJX 液、BPSE 液和 LAKE 液等，条件不足的种鸡场也可使用生理盐水进行稀释。稀释液使用前需要预热到37 ℃。

4. 输精 采好的精液必须在30 min 内用完，夏季高温和冬季低温期间时间更应缩短。输精时仍由输精员和助手两人操作，助手右手抓住母鸡双腿，将母鸡俯在鸡笼的门口，借笼具给母鸡腹部施加一定压力，左手掌将母鸡尾羽向上托起，用拇指和食指按压泄殖腔，翻露出输卵管口。输精员使用输精管或输精枪吸取精液，向位于左侧的输卵管口插入1.5～2.0 cm（图4-6），迅速将精液挤入，助手同时松开左手，并将母鸡放回笼内。输精结束后，用消毒棉擦净输精管口，输精数只鸡后最好更换一支已蒸煮消毒过的输精管。每只母鸡可隔3～6 d 输精一次，输精过频容易引起母鸡应激而降低产

图4-6 给北京油鸡母鸡
进行人工输精

蛋率和受精率。同一群母鸡可根据母鸡输精间隔有计划地分批轮流进行输精。要保证输入的精子数量和品质，要求输入的精子活力在4分以上、密度为（3～

4)×10^9 个/mL 的精液 20 μL。

（二）自然交配

自然交配是将公鸡和母鸡饲养在一起，以实现公母自行交配的配种方法，主要适用于平养或散养的北京油鸡鸡群。根据鸡群中母鸡的数量，按照比例配备一定数量的公鸡，使每只公鸡都能随机而自由地与母鸡完成交配。在公母比例适宜的前提下，自然交配具有较高的受精率。

随着人工成本上升、蛋种鸡自动化发展趋势和动物福利概念的推广，蛋种鸡本交笼养模式逐渐发展起来。本交笼养以组为饲养单元，每组鸡 50～80 只，公母比例为 1∶9。本交笼养的饲养需要注意：公鸡在 1 日龄时需要进行断喙、剪冠和断趾，防止本交过程中引起母鸡背部受伤；转群时先转入公鸡，3 日后转入同群饲养的母鸡；需要预留一定比例后备公鸡，在产蛋前淘汰弱、残种公鸡，并补充新的种公鸡，更换公鸡需要在夜间放入，以避免产生争斗；随着周龄的增长，对公鸡进行新一轮挑选，淘汰繁殖性能差的公鸡，产蛋后期适当提高公鸡比例。

目前，本交笼养模式仍存在一些待解决的问题，许多技术指标尚有待通过研究进一步确定。

（三）公母配比

公母比例是影响种蛋受精率的重要因素。在自然交配群体中，公母比例过高，会出现因争配而引起的争斗；比例过低，会造成母鸡漏配，这些都会降低种蛋受精率。不同日龄种公鸡种用性能不同，这些因素在实际生产中都要综合考虑。自然交配下公母比例可为 1∶(7～10)，以保证 90% 以上的受精率。

人工授精大大提高了种公鸡的利用效率，种公鸡饲养过多会造成饲料和管理成本上涨，而种公鸡饲养过少，会造成公鸡采精过度，精液品质降低。种公鸡的精子密度大，精子稀释一定比例后使用也能够提高种公鸡的利用效率。在不使用稀释液的条件下，推荐人工授精下北京油鸡公母比例为 1∶(15～20)。

第三节　胚胎发育

鸡的胚胎发育主要分为母体内种蛋的形成和母体外种蛋的孵化两个阶段。

种蛋的体外孵化，不需要从母体中获得营养物质，直接从种蛋中获取。目前北京油鸡种蛋的体外孵化主要通过人工孵化进行。

一、蛋形成过程中的胚胎发育

卵细胞从卵巢排出，在输卵管的漏斗部与精子结合，成为受精卵。由于母鸡体温较高，受精卵在经过输卵管形成完整种蛋的过程中，已开始进行分裂和发育，并达到具有外胚层和内胚层的囊胚期或者原肠胚早期。种蛋产出体外后由于所处环境温度降低，胚胎发育又暂时停止。与未受精蛋相比，打开已受精的种蛋，在其卵黄表面可见圆盘状透明的胚盘（图4-7）。

图4-7 北京油鸡受精蛋卵黄
表面的胚盘

二、人工孵化中的胚胎发育

受精蛋产出后，当条件符合时，中胚层开始发育。外胚层形成羽毛、皮肤、喙、趾、感觉器官和神经系统；中胚层形成肌肉、骨骼、泌尿生殖系统、血液循环系统、消化系统的外层和结缔组织；内胚层形成呼吸系统上皮、消化系统的黏膜部分和内分泌器官。

（一）孵化期

大部分种蛋的孵化期为21 d。影响种蛋孵化期的因素有很多，如鸡的品种和体型，种蛋的大小、保存时间和孵化温度等。北京油鸡孵化期略长，约为21.5 d。

（二）胚胎的发育生理和血液循环

鸡的胚胎发育早期形成4种胚外膜：卵黄膜、羊膜、绒毛膜和尿囊膜。这些胚外膜不形成组织和器官，主要作用是保证血液循环，完成胚胎的营养供给、代谢物排泄和呼吸功能。

1. 卵黄囊及卵黄囊血液循环 卵黄囊在胚胎发育第2天开始形成，第9天可覆盖整个蛋黄表面。卵黄囊分泌的消化酶将蛋黄液分解为可溶性液体，为胚胎发育提供营养；卵黄囊在孵化第6天开始给胚胎供氧；在出壳前，卵黄囊连同剩余的蛋黄一起被吸收进入腹腔，作为雏鸡采食之前的营养来源。

卵黄囊血液循环是指卵黄囊内壁在孵化初期形成血管内皮层和原始血细胞，血液到达卵黄囊吸收养料后，回到心脏，送到胚胎各部完成血液循环。

2. 羊膜与绒毛膜　羊膜在胚胎发育30～33 h后开始生出，逐步形成头褶、侧褶和尾褶，第4～5天头褶、侧褶和尾褶在胚胎背上方合并成羊膜脊，形成一个包围胚胎的羊膜腔。羊膜褶由内层羊膜和外层绒毛膜（也称浆膜）构成，6 d后绒毛膜与尿囊膜融合。羊膜腔内充满羊水为胚胎保持湿度、避免胚胎与羊膜粘连，也起到缓冲震动的作用。羊膜与尿囊膜融合为尿囊绒毛膜，使得代谢功能得以实现。

3. 尿囊及尿囊绒毛膜血液循环　胚胎发育第2天末开始到10～11 d时即包围整个蛋的内容物。通过尿囊血液循环，促进胚胎蛋白和蛋壳中矿物质的吸收；促进氧气的吸收，二氧化碳的排出；储存代谢废物尿酸和尿素。

尿囊绒毛膜血液循环是指血液将从心脏携带的二氧化碳和含氮废物运送到尿囊绒毛膜后排出，重新吸收养料和氧气又回到心脏。

4. 胚内循环　即从卵黄囊和尿囊绒毛膜携带氧气和养料的血液经心脏输送到胚胎各处，经过物质交换和新陈代谢，将携带二氧化碳和含氮废物的血液输送回心脏的过程。

（三）胚胎的发育过程

鸡的胚胎发育过程十分复杂，第1～4天是内部器官发育阶段，第5～14天是外部器官发育阶段，第15～20天是胚胎生长阶段，第21天是啄壳出雏阶段。北京油鸡各个孵化日龄主要特征如下。

第1天，形成4～5对体节，胚盘边缘出现红点，称"血岛"，照蛋时呈"鱼眼珠"状。

第2天，形成20～27对体节，形成卵黄囊、羊膜和绒毛膜，心脏开始跳动，照蛋时呈"樱桃珠"状。

第3天，尿囊长出，形成前后肢芽，照蛋时呈"蚊虫珠"状。

第4天，卵黄囊血管包围1/3蛋黄，胚胎和蛋黄分离；羊膜腔开始发育，并围绕着胚胎，腔内充满羊水，尿囊明显出现，胚胎头部明显增大，照蛋时呈"小蜘蛛"状。

第 5 天，生殖器官分化，心脏完全形成，眼的黑色素大量沉积，照蛋时呈现"单珠"或"黑眼"。

第 6 天，尿囊达到蛋壳膜内表面，卵黄囊分布在蛋黄表面的一半以上，胚胎可有规律地运动。喙和"卵齿"开始形成，躯干部增长，照蛋时可见"电话筒"状胚胎，俗称"双珠"。

第 7 天，颈伸长并变细，头部和身体明显分开，翼和喙明显，肉眼可分辨各器官，胚胎自身有体温，羊水增多，正面布满扩大的卵黄和血管，照蛋时胚胎似"沉"在羊水中。

第 8 天，卵黄膜几乎覆盖整个卵黄，羽毛开始发生，上下喙可明显分出，四肢完全形成，腹腔愈合，照蛋时胚胎"浮"在羊水中。

第 9 天，喙开始角质化，软骨开始硬化，眼睑已达虹膜，翼和后肢已具有鸟类特征，胚胎全身被覆羽乳头，根据肾上方的性腺已可明显区分出雌雄。

第 10 天，腿部鳞片和趾开始形成，尿囊在蛋的锐端合拢。照蛋时，除气室外整个蛋布满血管，俗称"合拢"。

第 11 天，背部出现绒毛，出现锯齿状冠，尿囊达到最大，而蛋黄开始萎缩。

第 12 天，身躯覆盖绒羽，外耳道出现毛囊环，上下眼睑出现，肾、肠开始有功能，开始吞食蛋白，蛋白大部分已被吸收到羊膜腔中。

第 13 天，尿囊萎缩成绒毛尿囊膜，身体和头部大部分覆盖绒毛，胫出现鳞片，照蛋时，蛋小头发亮部分随胚龄增加而减少。

第 14 天，增重迅速，胚胎发生转动而同蛋的长轴平行，头部朝向蛋的大头。

第 15 天，尿囊包围的蛋白减少，大部分器官已形成，照蛋时，蛋小头发亮部分缩小，胚体与卵黄的阴影部分增多。

第 16 天，尿囊所包围的蛋白进一步减少，尿囊液变混，有少量尿酸盐累积，胚胎代谢废物增多，冠和肉髯明显，蛋白几乎全被吸收到羊膜腔中。

第 17 天，肺血管形成，羊水和尿囊开始减少，躯干增大，两腿紧抱头部，蛋白全部进入羊膜腔，照蛋时，蛋小头已看不到发亮的部分，俗称"封门"。

第 18 天，羊水、尿囊液明显减少，气室增加，头弯曲在右翼下，眼开始睁开，胚胎转身，喙朝向气室，照蛋时气室倾斜。

第 19 天，卵黄囊收缩，气室继续扩大，连同蛋黄一起缩入腹腔内，喙进入气室，开始肺呼吸，可听见雏鸡鸣叫。

第 20 天，卵黄囊完全吸收到体腔，脐部开始封闭，尿囊血管退化，肺呼吸，雏鸡开始大批啄壳。

第21天，雏鸡破壳而出，绒毛干燥蓬松。

图4-8显示了北京油鸡种蛋在不同孵化日龄照蛋的典型特征。

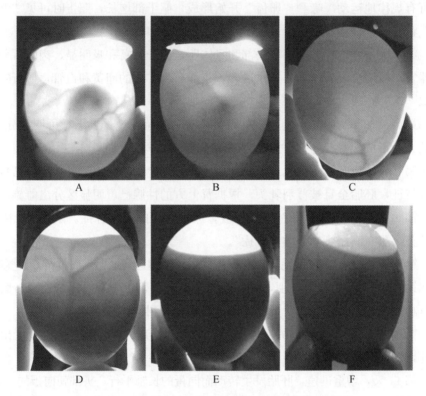

图4-8　北京油鸡种蛋不同孵化日龄照蛋的典型特征

A. 5日龄出现"单珠"　B. 8日龄胚胎"浮"在羊水中

C. 10日龄出现"合拢"　D. 13日龄小头发亮减少

E. 17日龄出现"封门"　F. 18日龄气室开始倾斜

（四）胚胎发育过程中的营养代谢

胚胎发育需要的水分、有机物、矿物质、维生素等物质均由种蛋提供。

1. 水　种蛋在孵化过程中，蛋内水分的含量逐渐减少，一部分在孵化过程中蒸发，另一部分用于胚胎发育，主要是进入蛋黄中成为羊水、尿囊液以及胚胎体内的水分。用于胚胎发育的水分从孵化第2天由蛋清进入蛋黄，在孵化第12天后水分由蛋黄进入蛋清，后进入羊膜腔。整个过程中损失水分占蛋重的 11%～13%，鸡胚内水分含量随着胚胎的发育和成熟，含量由 95%下降至出壳时的 74%左右，但是胚体水分的绝对含量是增加的。

2. 能量 胚胎发育过程中的能量来源于蛋中的糖类、蛋白质和脂肪。早期胚胎发育利用糖类提供能量，而后利用糖类和蛋白质，胚胎发育至第 7～11 天时开始将脂肪转变为糖类进行利用，第 11 天起肝糖原开始储存。蛋内脂肪的 1/3 在胚胎发育中消耗，2/3 储存于雏鸡体内。

3. 蛋白质 蛋清和蛋黄中的蛋白质含量随着胚胎发育而不断变化。蛋中的蛋白质约 47%储存于蛋清中，53%储存于蛋黄中，并在胚胎发育过程中转移到胚体中，在胚体中经过蛋白质代谢将含氮废弃物由血液运送到心脏，后通过尿囊绒毛膜血液循环储存在尿囊中。

4. 矿物质 胚胎发育过程中除了水和有机物，还需要适量矿物质，主要有钙、磷、镁、铁、钾、硫等。蛋壳主要在胚胎发育的中后期为雏鸡提供 89%的钙和 63%的镁。其余矿物质来源于蛋内容物，其含量主要由种母鸡日粮中的矿物质含量决定。

5. 维生素 胚胎发育过程中还需要维生素，包括维生素 A、维生素 B_2、维生素 B_{12}、维生素 D_3 和泛酸，这些维生素也来源于种母鸡的日粮，缺乏时易引起胚胎早期死亡并出现破壳蛋、孵出残鸡和弱鸡等情况。

第四节　人工孵化的关键技术

自然放养条件下，北京油鸡生产一定数量的蛋后停止产蛋，进行抱窝孵化。人工孵化通过人为创造孵化条件，对收集的种蛋进行集中孵化，解决了母鸡因抱窝而停产的问题，大大提高了北京油鸡的繁殖性能和生产效率。目前，规模化养殖的北京油鸡已全部实现人工孵化。人工孵化一般的工艺流程是：种蛋收集→种蛋消毒→种蛋储存→分级码盘→孵化→落盘→出雏→鉴别、分级、免疫等→雏鸡存放→外运。

一、种蛋的管理

（一）北京油鸡种蛋的选择

种蛋的品质不仅影响孵化率，还会影响雏鸡品质，因此种蛋选择尤为重

要。一般情况下，在鸡舍采集种蛋时经过第一次选择，在入蛋库保存前或进孵化室之后第二次选择。对北京油鸡种蛋的选择一般有以下要求。

1. 鸡群健康　种鸡必须来自健康鸡群，无经蛋传播的疾病（如鸡白痢、禽白血病和支原体病等）。

2. 种蛋干净　种蛋表面要清洁，无粪便或其他杂质粘连，被污染的种蛋不仅影响自身孵化效果，还会污染其他种蛋，甚至整个孵化器，从而增加死胚和腐败蛋的数量。

3. 种蛋品质好　蛋形指数（种蛋长径/种蛋短径）在 1.25～1.35，蛋壳细致均匀、厚薄适中。淘汰过大过小蛋、细长蛋、短圆蛋、枣核状蛋、腰凸状蛋、裂纹蛋、薄皮蛋和气室过大的陈蛋等。

4. 蛋壳颜色均匀　为提高北京油鸡商品蛋鸡所产蛋蛋壳颜色的一致性，需要对种蛋颜色进行选择。北京油鸡种蛋多为浅褐色（粉色），个别为紫皮蛋，俗称"紫皮带霜"，这也是北京油鸡的特色之一，在挑选时可予以保留。

（二）北京油鸡种蛋的保存

种蛋保存时环境温度需要低于生理零度即 23.9 ℃以下。种蛋保存 5 d 之内对孵化率和雏鸡品质无明显影响，但是超过 1 周孵化率会明显下降。若种蛋需储存一周，要求保存温度 15～18 ℃；超过一周，保存温度需要降至 12～15 ℃。种蛋保存期间应保持温度相对恒定。入孵之前，应先将种蛋由储存室移至 22～25 ℃的室内预热 6～12 h，入孵时可除去种蛋表面的冷凝水，以使孵化器升温快，提高孵化率。

种蛋保存需要一定的湿度维持水分平衡，相对湿度要求 75%～80%，此湿度可减缓蛋内水分蒸发速度，又不会使纸质的蛋托/蛋箱潮湿受损。蛋库内适当通风，保证蛋库内空气新鲜、无特殊气味。

种蛋在保存期间大头朝上放置。如果种蛋保存时间不超过 1 周，在储存期间不用翻蛋；如果需要保存 2 周或更久，在保存期间可每天将种蛋翻转 90 ℃，防止系带松弛和蛋黄粘连，减少孵化率降低的程度。

（三）北京油鸡种蛋的消毒

种蛋从产出到入孵前，会受到粪便、空气和设备等的污染，表面会附着细菌、霉菌等微生物，影响孵化效果和雏鸡的健康。因此，种蛋孵化前需要进行消毒。常用的种蛋消毒方法有以下几种。

1. 甲醛熏蒸 每立方米空间用 28 mL 甲醛水溶液和 14 g 高锰酸钾，先将高锰酸钾放入耐腐蚀耐高温的大容器内并将容器置于孵化室中央，随后按比例加入甲醛水溶液。消毒人员应戴防毒面具。此种方法消毒效果好，但是熏蒸时间掌握不当容易引起胚胎早期死亡。此外，由于甲醛熏蒸过程会对操作人员的健康产生不良影响，欧盟、美国、日本等地区已经出台相关的法规明确规定禁止甲醛熏蒸消毒用于药品生产车间，我国不久可能也会禁止使用，而且高锰酸钾目前作为易制毒药品，已受到严格监管。

2. 苯扎溴铵浸泡消毒法 苯扎溴铵原液浓度为 5%，使用时加 50 倍的水，即配成 1:1 000 的水溶液，水温 35~45 ℃，将种蛋浸泡 3 min，或者直接喷洒到种蛋的表面。

3. 紫外线消毒法 用 40 kW·h 紫外线灯管距离种蛋 40 cm 左右，正反面各照射 15~20 min。

4. 过氧乙酸消毒法 用有效浓度 1% 的过氧乙酸，按每立方米 30 mL 的量，熏蒸 30 min。或者用 0.01%~0.04% 的过氧乙酸浸泡种蛋 3~5 min，取出晾干后入孵。

5. 碘溶液浸泡消毒法 将种蛋放人 0.1% 的碘溶液中水温 40 ℃，浸泡 1 min，捞出晾干后装盘入孵。

6. 其他方法 如以二氯异氰尿酸钠等为原料制成的新型氯烟熏剂产品，按照产品说明进行操作即可。

二、孵化条件

(一) 温度

温度是鸡胚发育的重要条件。低于某一温度鸡胚发育就被抑制，高于这一温度鸡胚才开始发育，这一温度被称为生理零度，也称为临界温度。鸡胚的生理零度大约为 23.9 ℃。鸡胚发育对环境温度有一定的适应能力，在 35~40.5 ℃ 都会有一些种蛋能孵化出雏。北京油鸡孵化期（1~18 d）最适温度为 37.5~37.8 ℃，出雏期（19~21 d）最适温度为 36.9~37.2 ℃。高于最适温度，胚胎发育加速，孵化期缩短，孵化率和雏鸡品质下降；低于最适温度，胚胎发育减缓，孵化期延长。目前北京油鸡的人工孵化都采取恒温孵化，即在孵化期保持一个设定温度（37.8 ℃），出雏期保持一个设定温度（37.2 ℃）。恒温孵化对孵化器和环境温度要求较高，孵化室需要较好地保温和通风，室温最好恒定在22～26 ℃。当孵化过程中发生停电时，初期会造成孵化器内温度不均匀，上部热、下部冷，停电时间如果过长，孵化器温度整体下降，将会对孵化率和出雏率造成较大影响，因此停电时不能立即关闭孵化器的通风孔，以免机器上部的胚蛋过热。孵化场应备有发电机，以应对临时停电。

（二）相对湿度

北京油鸡种蛋孵化过程中有一定的水分损失，孵化期的失水率在11％～13％为宜。孵化器内相对湿度降低，种蛋水分蒸发大，出雏提前，雏鸡个头小，易发生脱水；相对湿度大，水分蒸发慢，会延长孵化期，雏鸡个体大，腹部过软。孵化时相对湿度以"两头高中间低"为原则，孵化前期是羊水和尿囊形成关键时期，相对湿度可设定为55％～60％；中期降低相对湿度至45％～55％，以促进羊水和尿囊液的蒸发；孵化后期和出雏期，为防止雏鸡绒毛与蛋壳粘连，可将相对湿度再次提高至55％～60％，此湿度可促进空气中的水和二氧化碳作用使蛋壳的碳酸钙变成碳酸氢钙，使蛋壳变脆，有利于雏鸡破壳出雏。孵化的任何阶段要防止高温高湿的情况出现。

（三）通风换气

鸡胚在孵化过程中要不断进行气体交换，并随着胚龄的增加而加快。孵化的前6 d主要通过卵黄囊血液循环供氧；6～10 d，尿囊绒毛膜血液循环到达蛋壳内表面，通过它由蛋壳上的气孔与外界进行气体交换；10 d后，气体交换趋于完善；19 d以后，转为肺呼吸，直接与外界进行气体交换。

一枚鸡胚在整个孵化期需要消耗氧气4.0～4.5 L，排出二氧化碳3.0～5.0 L。新鲜空气对正常的胚胎发育至关重要。一般要求孵化器内二氧化碳浓度不超过0.5％，氧气含量保持在21％。在平原地区，在孵化器通风设计合理、运转正常，孵化室室内空气流通顺畅的前提下，空气中氧含量都能达标不影响孵化。因缺乏适应性，北京油鸡种蛋在西藏高原地区不采取加氧措施的条件下，无法孵化出雏。

通风除了更新空气，还可以防止孵化器内热量积聚，减少交叉污染。

（四）翻蛋

雏鸡的头部在接近气室的部位发育。通过翻蛋改变胚胎方位，防止胚胎与浓蛋白粘连，使胚胎各部分均匀受热，促进羊膜运动。孵化器可以按照设定的程序自动翻蛋，1～18 d 每 2 h 翻蛋一次，每天 12 次，翻蛋角度与垂直线呈 45°，然后反向转至对侧的同一位置。

三、孵化期的管理技术

（一）孵化前的准备

1. 孵化室的清理和消毒　孵化场中 70% 的工作都是与孵化室的清理和消毒有关。孵化前对孵化室进行彻底的清理和消毒是保证孵化效果和防止雏鸡受到疾病感染的重要举措。孵化室的地面、墙面和天棚均应彻底消毒。孵化器内用热水清洗，再用消毒液喷雾。蛋盘和出雏盘彻底浸泡清洗和消毒。

2. 设备的检修　孵化器的检修工作主要包括电热、风扇、电动机的检修和孵化器的严密程度，温度、湿度、通风和翻蛋等自动化控制系统的检修。反复对孵化器和蛋床进行测温，查看与周围温度是否一致。

（二）孵化期的操作管理技术

1. 码盘入孵　将种蛋大头朝上码放到孵化盘上，然后整车推进孵化器中。

2. 孵化器的管理　全自动孵化器使用和管理较为简单，但是需要定期巡查，最好每隔 1 h 记录 1 次孵化器或出雏器的温度和湿度，对异常的机器应及时做有效处理。

3. 照蛋　孵化期内一般照蛋 1～2 次，即通过灯光透过蛋壳观察胚胎的发育情况，以便及时捡出无精蛋、死胚蛋，同时看胎施温，调整孵化条件。一般情况下第一次照蛋时间在入孵后 5～7 d，但是北京油鸡种蛋多为浅褐色，5～7 d 鸡胚较小，不易分辨，可推迟在 10～12 d，以便更准确地分辨出胚胎发育情况。正常胚胎在灯光下可清楚看到黑色眼点，血管呈现放射状且清晰。弱胚蛋的胚胎小，黑眼点不明显，血管纤细且模糊。无精蛋又称"白蛋"，看不到血管和胚胎，气室不明显，可隐约看到蛋黄影子。死精蛋又称"血蛋"，可见黑色血迹环在蛋壳上，也能看到死胎黑点静止不动。在照蛋时，要及时剔除破壳蛋和腐败蛋。有一些受精种蛋在孵化早期（48 h以前）发生死亡，照蛋时难以鉴定为血蛋，对于需要进行准确受精率统计的情况，最好将照蛋的白蛋打开后仔细辨别。正常胚蛋和异常胚蛋的照蛋情况对比见表4-2。

表4-2　10日龄照蛋时北京油鸡正常胚蛋和异常胚蛋的照蛋情况

分类	眼点	血管	胚胎	其他特征
正常胚蛋	黑色眼点清楚	呈放射状且清晰	大	蛋色暗红
弱胚蛋	黑色眼点不明显	血管纤细且模糊	小	胚蛋小头呈淡白色
无精蛋	无	无	无	气室不明显，可隐约看到蛋黄影子
死精蛋	黑色眼点静止不动	黑血迹环在蛋壳上	小	蛋色透明

4. 落盘　在孵化第18～19天时，将孵化盘上的种蛋转移到出雏盘中，停止翻蛋，温度降到37.3～37.5 ℃，加大通风并增大湿度。落盘动作要稳、快，使胚胎不受凉，减少破损。

（三）出雏期的操作管理技术

1. 出雏　发育正常的鸡胚孵化满20 d时就开始出壳，20.5 d时已出壳大半，满21 d时基本出壳完毕。若孵化期间存在停电、低温等意外事故，在孵化的21 d时可观察出雏情况。出雏器内的照明系统应关闭，也不可经常打开机门。出雏时如气候干燥，可适当通过地面洒水，保证出雏器内的湿度。

2. 初生雏的观察和分级

（1）健雏　体格健壮，精神活泼，体重合适，蛋黄吸收入腹部，脐部愈合良好而干燥，绒毛干燥有光泽，站立稳健（图4-9）。

图4-9　北京油鸡健雏（A）和弱雏（B）

（2）弱雏 腹部潮湿发青，脐带愈合不良，绒毛污乱、无光泽，腹部大或干瘪，精神不振，反应迟钝。

（3）残疾、畸形雏 脐部开口并流血，蛋黄外露，喙交叉或过度弯曲，腿瘸，脖子歪，绒毛稀疏。

3. 雌雄鉴别 雏鸡出壳后，要进行雌雄鉴别。北京油鸡蛋鸡商品代场仅饲养母鸡，种鸡场可将鉴别出的公雏作为特色黄羽肉鸡鸡苗出售，饲喂育肥饲料。肉用北京油鸡公母分开饲养，避免公雏发育快，抢食而影响母雏发育，可以整体上提高鸡群的整齐度和饲料转化效率。目前常用的雌雄鉴别方法有以下几种。

（1）翻肛鉴别法 公母雏鸡的生殖隆起的组织形态差异是翻肛鉴别的主要依据（表4-3）。翻肛鉴别对技术和时间有较高的要求，一般需要经过专业训练的鉴别员来操作，最佳鉴别时间是出雏后 2~12 h，不宜超过 24 h。

表4-3 公雏和母雏生殖隆起的组织形态差异

指 标	公 雏	母 雏
外观感觉	轮廓明显、充实、基础稳固	轮廓不明显，萎缩，周围组织衬托无力
光泽	表面紧张，有光泽	柔软、透明
弹性	富有弹性，压迫或伸展不易变形	弹性差，压迫或伸展易变形
充血程度	血管发达，表层有细血管，刺激易充血	血管不发达，刺激不易充血

（2）快慢羽自别雌雄 由于翻肛鉴别耗时、耗力，对雏鸡有一定的伤害，在以北京油鸡为基础培育的相关配套系中，在父母代和商品代可以通过建立快慢羽系进行快慢羽自别。其中栗园油鸡蛋鸡配套系以慢羽油鸡（Y系）和慢羽高产油鸡（A系）分别作为第一父本和第一母本，因此父母代为慢羽；以快羽矮脚油鸡（D系）作为终端父本，商品代可以通过羽速自别雌雄，即母鸡为快羽，公鸡为慢羽。快羽只有一种类型，即主翼羽长于覆主翼羽 2 mm 以上；慢羽通常有三种类型，一是主翼羽未长出，二是主翼羽与覆主翼羽等长，三是主翼羽短于覆主翼羽。在鉴别时通过快慢羽性状特点可以进行较为准确的雌雄鉴别（图4-10）。

4. 免疫 马立克病毒在环境中广泛存在，不易被杀灭，尤其对初生雏鸡感染性极强，病毒通过呼吸道进入雏鸡体内，并很快繁殖，对该病的免疫必须

图 4-10 北京油鸡快慢羽区分

A. 快羽 B. 未出型慢羽 C. 等长型慢羽 D. 倒长型慢羽

在出雏后 24 h 内完成，因此一般在雌雄鉴别后就进行液氮马立克病疫苗的免疫。免疫前需要先将液氮中的疫苗取出并用 27 ℃的温水在 1 min 内将其解冻，用针头将疫苗迅速抽进与疫苗配套使用的稀释液中，用消过毒的连续注射器，注射到雏鸡颈背部正中 1/3 处的皮下。稀释完的疫苗在注射过程中，控制在 30 min 内用完，以减少疫苗效价在使用过程中的损失，免疫时每隔 5 min 摇动 1 次，以保证疫苗液均匀。

5. 雏鸡存放和运输 对于有外运需要的雏鸡，在存放时要注意防感染、防脱水、防寒和防暑。雏鸡运输选用专门的包装盒，一般每盒分为 4 个小格，根据气温高低确定数量，一般每格可放雏鸡 20～25 只（图 4-11）。长途运输雏鸡的车辆也要选择专用车辆，以保持车厢内温度恒定和适当的通风（图 4-12）。提前通知客户做好接雏准备，包括水、料、育雏舍提前升温等。

图 4-11 雏鸡运输包装盒

6. 出雏间清扫 出雏结束后需要对孵化室、孵化器、出雏器和其他用品进行彻底清洗和消毒。出雏期间绒毛较多，灰尘较大，需对孵化室墙壁和机器顶部进行冲刷，清理风机等处的灰尘。蛋壳集中处理，不能随意倾倒造成场区污染。

图 4-12　雏鸡盒的码放及装运

四、孵化记录和孵化效果检查

每次孵化应做好记录，包括入孵日期、种蛋来源、数量、照蛋情况、无精蛋数、死胚蛋数，做好孵化器内温湿度的记录，从而统计孵化成绩、总结经验教训。

第五节　提高繁殖成活率的途径与技术措施

饲养北京油鸡种鸡的目的是获取尽可能多的合格的种蛋和健康雏鸡，提高油鸡的繁殖成活率对提高种鸡场养殖效益至关重要。因此必须做到重视后备鸡的培育、产蛋期的饲养管理、孵化管理和初生雏鸡的饲养管理。

一、后备鸡的培育

（一）培育阶段的划分与培育目标

0~18周龄的鸡通常称为后备鸡，根据培育的环境条件和营养需要的不同，又可划分为两阶段，即雏鸡（0~6周龄）和育成鸡（7~18周龄）。

（二）雏鸡的培育

育雏期是种鸡生产中的一个重要的基础阶段，会影响种鸡的种用价值及种鸡群的更新和生产计划的完成。育雏期的主要目标是确保饲料摄入正常，健康状况良好，使雏鸡达到正常生长发育的标准。雏鸡生长发育快，体温调节机能弱，消化机能尚未健全，抗病能力差，敏感，羽毛更新快。因此，要满足育雏日粮营养物质的需要，提供适宜的环境温度，做好防疫隔离。

（三）育成鸡的培育

育成鸡处于生长迅速、发育旺盛的时期，机体各系统的机能基本发育健全，肌肉生长快，脂肪沉积能力随着日龄的增长而加强，性腺逐渐发育。育成鸡的培育目标是健康无病、符合北京油鸡外观标准、肌肉发育良好、无多余脂肪、骨骼坚实、体质状况良好。骨骼和体重的生长发育规律存在差异，体重在整个育成期不断增加，到产蛋期（36周龄左右）达到最高点。而骨骼在10周龄内发育迅速，在20周龄左右发育完成，要求育成鸡在12周龄时完成骨架发育的90%。如果育成期只强调体重指标，可能会出现脂肪过量的小骨架鸡，产蛋期繁殖性能受到严重影响。体重、骨骼一致的育成鸡，性成熟期比较一致，达50%产蛋率后迅速进入产蛋高峰，且持续时间长。

从育雏期到育成期要更换饲料，饲料更换时间以体重和骨骼指标为准，即在6周龄末检查体重和骨骼发育指标，若符合标准，从7周龄的第1～2天，用2/3的育雏期饲料和1/3的育成期饲料混合饲喂；第3～4天，用1/2的育雏期饲料和1/2的育成期饲料混合饲喂；第5～6天，用1/3的育雏期饲料和2/3的育成期饲料混合饲喂；以后饲喂育成期饲料。

培育出的良好的育成鸡，可以适时开产，并如期达到应有的产蛋高峰，且产蛋持续性好，全期产蛋量高。性成熟过早，就会早产蛋、产小蛋，高峰期维持时间短，出现早衰，产蛋量减少；若性成熟晚，开产时间推迟，总产蛋量也会减少。因此，要控制性成熟时期，做到适时开产。光照是控制性成熟时期的一个重要方法，特别是10周龄以后，育成鸡的性发育和性成熟对光照越来越敏感。研究表明，北京油鸡种鸡在22周龄开始增加光照时间和增强光照度可使开产整齐，整个产蛋期产蛋数最多。

二、产蛋期的饲养管理

对于北京油鸡种鸡而言，产蛋期一般是指18～66周龄。根据市场需求，可以适当缩短或延长。开产前需要将育成舍的合格鸡转入产蛋舍，种鸡一般单笼饲养。

（一）开产前后的饲养管理要点

开产前后，母鸡生理机能变化很大，主要包括生殖系统的发育、性激素的刺激等。为了适应鸡体的生理变化，需要采取以下饲养管理措施。

1. 调整至标准体重 育成后期 18 周龄时要测定鸡群的体重，若达不到标准，可适当提高日粮的蛋白质和能量水平。当体重达标后再补充光照，均匀度 95% 以上的鸡群，开产后很快达到高峰，产蛋上升期短，全期产蛋量高。

2. 提供足够的营养 提供全价配合饲料，正确地进行饲料的加工和储存，以满足北京油鸡种鸡正常生长发育和产蛋的营养需要，维持其良好的种用体况。尤其是粗蛋白质、钙、磷、锌、锰、维生素 A、维生素 D、维生素 E、维生素 B_2 等，必须按照饲养标准供给。种鸡营养缺乏既影响种蛋的孵化率又影响雏鸡的品质（表 4-4）。

表 4-4 种鸡营养缺乏对种蛋孵化的影响

营养成分	缺乏症状
维生素 A	血液循环系统障碍，孵化 48 h 死亡，肾、眼、骨骼异常，未能发生正常血管系统
维生素 D₃	影响骨骼发育，钙缺乏，骨骼突起，雏鸡发育不良，孵化 18～19 d 死亡
维生素 E	由于血液循环障碍及出血，胚胎在孵化 84～96 h 死亡
维生素 K	孵化 18 d 至出雏期间不明原因出血死亡，胚胎和胚外血管中有血凝块
维生素 B₁₂	孵化 20 d 死亡，腿萎缩、水肿、出血，短喙、弯趾、器官脂化，头处于两腿之间
锰	软骨营养障碍，长骨短，头畸形，水肿及羽毛异常和突起等，18～21 d 死亡率高
锌	突然死亡，脊柱弯曲，眼、趾等发育不良，骨骼异常，可能无翼和无腿，簇状绒毛
铜	在孵化早期死亡，但无畸形
铁	低红细胞压积，低血红蛋白
硒	孵化率降低，皮下积液，渗出性素质（水肿），孵化早期胚胎死亡率较高
碘	孵化时间延长，甲状腺缩小，腹部收缩不全
叶酸	孵化 16～18 d 发生循环系统异常，20 d 左右死亡，胫骨弯曲，趾及下颌骨异常
生物素	孵化 19～21 d 发生死亡，胚胎出现鹦鹉嘴、软骨营养障碍及骨骼异常等
硫胺素	应激情况下发生死亡。存活者表现神经炎，其他无明显症状
核黄素	在孵化的 60 h、14 d 及 20 d 死亡较多，雏鸡水肿、绒毛结节

3. 科学更换日粮　由育成期饲料改换成产蛋期饲料，一般推荐在北京油鸡种鸡产蛋率达 5% 时进行更换。产蛋期饲料按照比例逐渐替换育成期饲料，直到全部改换为产蛋期饲料。

（二）种蛋生产

1. 留用种蛋的时间　在北京油鸡种鸡体重与体况发育正常的情况下，一般在 24 周龄或者在蛋重达到 50 g 时开始留用种蛋。北京油鸡种鸡一般采用笼养，在收集种蛋前 2 d 开始对同一鸡群进行连续 2 d 的人工输精，第 3 天开始收集种蛋。北京油鸡种蛋在 50～58 g 为宜，蛋重过大或者过小影响孵化率。因此，种鸡饲养不仅要提高产蛋数，还要提高种蛋合格率和受精率。

2. 提高种蛋受精率　选择繁殖力强的种公鸡，公鸡的使用年限合理，采用人工授精技术，确定适合的采精频率等。种公鸡最好单笼饲养，防止公鸡间出现相互爬跨、格斗和啄冠等行为。限制饲喂以严格控制种公鸡体重，过重和过轻对繁殖性能都不利。种公鸡采精前和频繁采精期间可以适当补充维生素和蛋白质。北京油鸡正常种蛋的受精率可以达到 95% 以上。

3. 种蛋的收集与消毒　种蛋要求定时收集，鸡舍内较高的温度可使鸡胚开始发育，较为复杂的环境可能引起进一步的污染。种蛋收集每 2 h 一次为宜，每日至少集蛋 6 次，集蛋时可将破蛋和畸形蛋剔除。由于细菌进入蛋壳内部后会感染发育中的胚胎，从而使雏鸡感染疾病。因此，每次收集的种蛋要及时消毒再送入蛋库，送入蛋库后及时进行第二次消毒。

三、孵化管理

（一）提供适宜的孵化条件

孵化 1～19 d 最适宜的孵化温度 37.5～37.8 ℃，湿度 50%～60%，孵化 19～21 d 适宜温度 37.2 ℃，湿度保持 75% 左右。对胚胎发育影响最大的是高温高湿，因此，防止出现高温高湿的不良环境。孵化过程中要有适宜的通风量，提供充足的氧气，排出二氧化碳等气体，为胚胎良好发育提供适宜的环境。

（二）严格的消毒程序和防疫制度

消毒主要包括种蛋的消毒、人员的消毒、设备和环境的消毒。人员的消毒是指外来人员进入孵化室要进行消毒和更衣，闲杂人员严禁入内，工作人员进入时要通过脚踏消毒盘消毒。建立各项规章制度，加强人员管理。

具体的孵化管理可以参见本章第四节。

四、初生雏鸡的饲养管理

(一) 提高初生雏鸡的管理水平

雏鸡从出雏器中拣出后，首先进行雌雄鉴别，要求鉴别准确率达98％以上，并根据雏鸡的活力、精神状态、体型、卵黄的吸收情况及脐带部愈合程度对雏鸡进行严格挑选。在新生雏鸡的挑选、转移以及免疫过程中，要严格遵守规程细心操作，尽量减少雏鸡应激和污染。北京油鸡性情温驯，啄癖现象较少，也可以不进行断喙，减少应激。

(二) 雏鸡的饲养管理要符合其生理特点

雏鸡具有生长发育快、代谢旺盛的特点。注意合理通风，为雏鸡创造良好的空气环境。雏鸡体温调节能力差，尤其是10日龄以前，因而育雏前期要给予较高的温度，以后随日龄增长逐渐降低。雏鸡消化系统发育不健全，胃容积小，消化能力差，但生长速度又很快，需要喂给营养全面、易消化吸收的饲料，并适当增加喂料次数。雏鸡抗病能力差，容易受到病原微生物的侵袭而感染疾病，故应采取全面消毒、隔离及防疫的措施。雏鸡胆小易受惊吓，应保持育雏舍环境安静，严禁陌生人进入。雏鸡自卫能力差，容易受鼠等其他动物的伤害，因此，要做好灭鼠工作。

第五章
营养需要与常用饲料

第一节　北京油鸡的消化系统

一、概述

结构是功能的基础，功能是结构的延伸。北京油鸡对营养物质的消化吸收和对饲料的需要是以其消化系统的生理特点为基础的。因此，有必要对其消化生理有一个较为全面的了解。

据传，北京油鸡为九斤黄鸡的变种，属动物界脊索动物门脊索动物亚门鸟纲今鸟亚纲鸡形目雉科原鸡属北京油鸡种。就消化系统构成和生理特征而言，其与普通鸡相同。其消化系统由消化管和消化腺构成，消化管包括喙、口腔、咽、食管、嗉囊、腺胃、肌胃、小肠、大肠和泄殖腔等，消化腺包括唾液腺、胃腺、肠腺、肝和胰等。

二、北京油鸡的消化器官

（一）喙和口腔

鸡没有软的嘴唇，没有牙齿，无咀嚼功能，只有坚硬的锥形的喙，采食很方便，能啄食细碎的饲料，喙有时相当于铁钩，能够啄断较大块的饲料。舌上味蕾分布较少，味觉差，主要靠视觉和嗅觉寻找食物。喙的内端有敏感的物理感受器，因此，饲料的颗粒大小和硬度对鸡的采食影响很大。口腔中唾液腺不发达，能分泌少量含淀粉酶的酸性黏液，加之饲料在口腔停留时间很短，口腔对饲料的消化作用不大，唾液主要起到润滑饲料、便于吞咽的作用。鸡没有软腭，口腔与咽直接相连，饮水需仰头才能流进食道。

（二）食管和嗉囊

鸡的食管宽大，弹性强，黏膜形成许多纵行皱褶，易扩张，能吞咽砂粒、玉米等大颗粒物质。鸡的食管在入胸腔前形成一扩大的嗉囊，鸡的嗉囊很大，成年鸡的嗉囊大概能容纳 100 g 以上的食物，嗉囊分泌的黏液中不含消化酶，嗉囊主要起储存、湿润和软化饲料的作用，嗉囊内容物呈酸性，饲料在嗉囊内通过唾液中少量的淀粉酶以及饲料内含有的酶进行初步消化。

（三）腺胃和肌胃

鸡的胃分为腺胃和肌胃。腺胃接食管末端，又称前胃，呈短纺锤形。腺胃容积小，壁厚，腺胃黏膜表面形成乳头，内有腺体，分泌的胃液中含有蛋白酶和盐酸。食物在腺胃停留时间很短，消化作用不强，通过腺胃时，与胃液混合后立即进入肌胃。

肌胃是鸡特有的消化器官，又称砂囊，呈扁圆形，前接腺胃，后连小肠。肌胃由肌层和黏膜组成，肌胃的肌层很发达，呈暗红色，内表面有很厚的黏膜，且粗糙、坚硬，俗称"鸡内金"，肌胃内存有砂粒等，有助于饲料的磨碎和消化，如果鸡长期吃不到砂粒、粗石粉等颗粒物质，就会引起消化不良。肌胃内容物的 pH 为 2～3.5，有利于来自腺胃的蛋白酶对蛋白质进行消化。

（四）肠道

鸡对饲料中营养物质的消化吸收主要在肠道内进行，肠道包括小肠和大肠。鸡的消化道较短，通常为体长的 6 倍，饲料通过消化道较快。这一特点决定了鸡对饲料的总体消化利用率较低，必须每日多次喂食或者自由采食，才能满足其生长、生产对营养物质的需要。

小肠分为十二指肠、空肠和回肠，有黏膜和绒毛，没有十二指肠腺，仅在与肌胃连接处有一些类似腺体。小肠的消化吸收能力很强，是消化吸收营养物质的主要部位。

大肠分为盲肠、结肠和直肠，大肠的作用是重新吸收水分以增加鸡体细胞的含水量和保持体内水平衡。饲料中的粗纤维主要在盲肠内经微生物分解消化，但是小肠内容物只有少量经过盲肠，所以鸡对饲料中粗纤维的消化率低。

在各种畜禽中，以鸡对粗纤维的消化率为最低。

（五）泄殖腔

泄殖腔是鸡特有的器官，是消化、泌尿和生殖的共同通道。因此，在鸡粪表面常见有一层白色的尿酸盐。泄殖腔分为 3 部分，前部称粪道，与直肠相通；中部为生殖道（母鸡的生殖道，公鸡的泌尿口、输精管口）；后部为肛门。泄殖腔的背侧有法氏囊，又称腔上囊，是雏鸡和青年鸡的免疫器官，性成熟后渐渐消退。北京油鸡的法氏囊在 19～20 周龄消退。

（六）肝和胰

鸡的肝位于心脏腹侧后方，分左右两叶，右叶肝有胆囊附着，通过胆管分泌胆汁进入十二指肠，胆汁内不含消化酶，其主要作用是中和食糜的酸性并乳化脂肪，促进消化。

胰位于十二指肠肠袢内，胰分泌胰液进入十二指肠，胰液中含有蛋白酶、脂肪酶和淀粉酶，分解蛋白，消化食物。

第二节　营养需要

一、营养物质

营养物质是北京油鸡生长发育、繁殖、生产等生命活动的基础。水、能量、蛋白质、矿物元素和维生素等营养物质为北京油鸡所必需。

（一）水

水是家禽机体组织和各器官的重要组成物质，分布于所有的细胞组织内，是多种营养素的溶剂，是各种生化反应的媒介，是输送代谢物质、排出代谢产物的重要载体。同时，也起到了调节机体体温的作用。

水是鸡的生长、发育、生产所必需的营养素，鸡对水的需要比食物更为重要。鸡每采食 1 kg 饲料干物质需饮水 2～3 kg，饮水不足会导致饲料消化率和吸收率降低，并出现生长缓慢、精神沉郁、食欲减退、体重减轻、产蛋率下降、蛋重减轻、蛋壳变薄等症状，严重时还会引起死亡。鸡的需水量因生长阶段、生理状态、采食量、产蛋率、饲料性质及气候条件不同而异。北京油鸡羽毛浓密，散热较差，在炎热天气，需水量也较大。

（二）能量

维持鸡的一切生命活动均需要能量，能量不足，就会引起生长缓慢，增重和产蛋量下降。饲料中的蛋白质、糖类和脂肪均可提供能量，但一般情况下，能量的主要来源是糖类和脂肪，当能量供应不足时，鸡会分解蛋白质以供生命活动所用。

饲料中营养物质所含能量的总和，即饲料中的有机物，在体外测热器中全部燃烧后所产生的热量，称为饲料总能（GE）。饲料中的能量在消化过程中有不少损失，首先是通过粪损失，称为粪能，饲料总能减去粪能即为消化能（DE）；消化能减去尿能和气体能，称为代谢能（ME）；由于鸡的粪尿排出时混杂在一起，所以在鸡的饲料与营养中，通常以代谢能来衡量。

（三）蛋白质

蛋白质是含氮的有机化合物，主要由碳、氢、氧、氮4种元素组成。蛋白质是鸡体内除水分外含量最多的物质，是构成组织、羽毛和蛋等的重要组成物质，是更新组织的必需物质，是组成鸡体内许多活性物质的原料，可分解供能或转化为糖和脂肪。不同蛋白质水平对鸡的采食量、饲料转化率、生长速度以及成活率等都有影响。鸡体内绝大部分氮元素都存在于蛋白质中，蛋白质的作用其他营养成分无法代替。鸡的生长发育、新陈代谢和产蛋都需要大量的蛋白质，饲粮中蛋白质缺乏，不但影响鸡的生长和繁殖，而且会降低鸡的生产力和产品的品质。但同时，如果饲粮中蛋白质超过鸡的需要量，也会带来不利影响，易引起机体代谢紊乱以及蛋白质中毒。不同生长发育阶段的鸡对饲料中蛋白质的需求量也有所不同。

蛋白质由22种氨基酸组成，氨基酸通过不同的排列组合构成了形态各异的蛋白质分子。蛋白质需求实际上就是氨基酸需求，氨基酸又分为必需氨基酸和非必需氨基酸。

（四）矿物元素

矿物元素是北京油鸡骨骼、羽毛、血液等组织及某些生物活性物质的组成成分，参与机体的各种生命活动，调节体液的渗透压，维持体内的酸碱度，调节神经、肌肉的活动。矿物质是保持鸡健康和正常生长及繁殖、产蛋所必需的营养物质。矿物质按其在体内的含量可以分为常量元素（占体重 0.01％以上，包括钙、磷、镁、钠、钾、氯、硫等）和微量元素（占体重 0.01％以下，包括铁、锌、铜、锰、碘、钴、钼、硒、铬等）。

（五）维生素

维生素在鸡体内的含量极少，既不是形成鸡体组织器官的原料，又不是能量物质，但其在机体生命活动中的生理作用却很大，各种营养物质的代谢都需要维生素的参与。鸡饲料中需要提供多种维生素。这些维生素可分为水溶性维生素和脂溶性维生素两大类，脂溶性维生素有维生素 A、维生素 D、维生素 E 和维生素 K；水溶性维生素包括 B 族维生素和维生素 C，B 族维生素又包含硫胺素（维生素 B_1）、核黄素（维生素 B_2）、泛酸（维生素 B_3）、烟酸（维生素 PP、尼克酸）、吡哆醇（维生素 B_6）、叶酸（维生素 B_{11}）、生物素、胆碱及钴胺素（维生素 B_{12}）等。任何维生素的缺乏都可能会降低鸡的抗病力和生产性能。大多数维生素在鸡体内不能合成，个别维生素的合成量远远不能满足鸡的需要，必须从饲料中获得。维生素通常以添加剂的形式补充。

二、北京油鸡的营养物质需要量

营养物质需要量是指在维持生命活动和从事生产（肉、蛋、繁殖）时对能量、蛋白质、氨基酸、矿物质、维生素的需求，是畜禽养殖生产中的重要技术指标，是科学配制饲料的重要依据。实际上，每只鸡的营养需要是由维持需要量和生产需要量两部分组成的，生长鸡的代谢能或某营养物质的总需要量为维持需要量与增重需要量之和，产蛋鸡还应加入产蛋的营养需要量。

北京油鸡是一个优良的肉蛋兼用型的地方品种鸡，中等体型，具有生长速度较慢的特点，在营养需要量方面也有别于其他品种的鸡。在行业标准《北京油鸡》（NY/T 1449—2007）中规定，种鸡和商品鸡的饲粮营养需要量按 NY/T 33—2004 的规定执行，在笼养条件下，1～20 周龄的累计耗料量为 6.8～8.2 kg，21～68 周龄的累计耗料量为 30.5～33.9 kg。种鸡以平养或笼养为主，在全部饲养期均为自由采食，不进行限饲。商品鸡适用于平养、笼养或散养（如林地果园散养、山坡草地散养等）。

（一）蛋用鸡的营养需要

北京油鸡育成鸡和产蛋鸡的营养需要参照《北京油鸡》（NY/T 1449—2007）中的规定执行，详见表 5-1 和表 5-2。

表 5-1　北京油鸡营养需要

营养指标	单位	0～8 周龄	9～18 周龄	19 周龄至开产
代谢能	MJ/kg	11.91	11.70	11.50
粗蛋白质	%	19.0	15.5	17.0
蛋白能量比	g/MJ	15.95	13.25	14.78
赖氨酸能量比	g/MJ	0.84	0.58	0.61
赖氨酸	%	1.00	0.68	0.70
蛋氨酸	%	0.37	0.27	0.34
蛋氨酸＋胱氨酸	%	0.74	0.55	0.64
苏氨酸	%	0.66	0.55	0.62
色氨酸	%	0.20	0.18	0.19
精氨酸	%	1.18	0.98	1.02
亮氨酸	%	1.27	1.01	1.07
异亮氨酸	%	0.71	0.59	0.60
苯丙氨酸	%	0.64	0.53	0.54
苯丙氨酸＋酪氨酸	%	1.18	0.98	1.00
组氨酸	%	0.31	0.26	0.27
脯氨酸	%	0.50	0.34	0.44
缬氨酸	%	0.73	0.60	0.62
甘氨酸＋丝氨酸	%	0.82	0.68	0.71
钙	%	0.90	0.80	2.00
总磷	%	0.70	0.60	0.55
非植酸磷	%	0.40	0.35	0.32
钠	%	0.15	0.15	0.15
氯	%	0.15	0.15	0.15
铁	mg/kg	80	60	60
铜	mg/kg	8	6	8
锌	mg/kg	60	40	80

（续）

营养指标	单位	0～8周龄	9～18周龄	19周龄至开产
锰	mg/kg	60	40	60
碘	mg/kg	0.35	0.35	0.35
硒	mg/kg	0.30	0.30	0.30
亚油酸	%	1	1	1
维生素 A	IU/kg	4 000	4 000	4 000
维生素 D	IU/kg	800	800	800
维生素 E	IU/kg	10	8	8
维生素 K	mg/kg	0.5	0.5	0.5
硫胺素	mg/kg	1.8	1.3	1.3
核黄素	mg/kg	3.6	1.8	2.2
泛酸	mg/kg	10	10	10
烟酸	mg/kg	30	11	11
吡哆醇	mg/kg	3	3	3
生物素	mg/kg	0.15	0.10	0.10
叶酸	mg/kg	0.55	0.25	0.25
维生素 B_{12}	mg/kg	0.010	0.003	0.004
胆碱	mg/kg	1 300	900	500

注：根据中型体重鸡制订，轻型鸡可酌减 10%；开产日龄按 5%产蛋率计算。

表 5-2　北京油鸡产蛋鸡营养需要

营养指标	单位	开产至高峰期（≥85%）	高峰后（<85%）	种鸡
代谢能	MJ/kg	11.29	10.87	11.29
粗蛋白质	%	16.5	15.5	18.0
蛋白能量比	g/MJ	14.61	14.26	15.94
赖氨酸能量比	g/MJ	0.64	0.61	0.63
赖氨酸	%	0.75	0.70	0.75
蛋氨酸	%	0.34	0.32	0.34
蛋氨酸＋胱氨酸	%	0.65	0.56	0.65
苏氨酸	%	0.55	0.50	0.55

（续）

营养指标	单位	开产至高峰期 (≥85%)	高峰后 (<85%)	种鸡
色氨酸	%	0.16	0.15	0.16
精氨酸	%	0.76	0.69	0.76
亮氨酸	%	1.02	0.98	1.02
异亮氨酸	%	0.72	0.66	0.72
苯丙氨酸	%	0.58	0.52	0.58
苯丙氨酸＋酪氨酸	%	1.08	1.06	1.08
组氨酸	%	0.25	0.23	0.25
缬氨酸	%	0.59	0.54	0.59
甘氨酸＋丝氨酸	%	0.57	0.48	0.57
可利用赖氨酸	%	0.66	0.60	—
可利用蛋氨酸	%	0.32	0.30	—
钙	%	3.5	3.5	3.5
总磷	%	0.60	0.60	0.60
非植酸磷	%	0.32	0.32	0.32
钠	%	0.15	0.15	0.15
氯	%	0.15	0.15	0.15
铁	mg/kg	60	60	60
铜	mg/kg	8	8	6
锰	mg/kg	60	60	60
锌	mg/kg	80	80	60
碘	mg/kg	0.35	0.35	0.35
硒	mg/kg	0.30	0.30	0.30
亚油酸	%	1	1	1
维生素 A	IU/kg	8 000	8 000	10 000
维生素 D	IU/kg	1 600	1 600	2 000
维生素 E	IU/kg	5	5	10
维生素 K	mg/kg	0.5	0.5	1.0
硫胺素	mg/kg	0.8	0.8	0.8
核黄素	mg/kg	2.5	2.5	3.8
泛酸	mg/kg	2.2	2.2	10

（续）

营养指标	单位	开产至高峰期（≥85%）	高峰后（<85%）	种鸡
烟酸	mg/kg	20	20	30
吡哆醇	mg/kg	3.0	3.0	4.5
生物素	mg/kg	0.10	0.10	0.15
叶酸	mg/kg	0.25	0.25	0.35
维生素 B_{12}	mg/kg	0.004	0.004	0.004
胆碱	mg/kg	500	500	500

从育成期过渡到产蛋期，从营养上讲是一个非常重要的阶段。对母鸡来说，这是一个应激很大且对营养物质的需求很高的阶段。此时，母鸡不仅要适应新环境，开始产蛋并迅速提高蛋重，而且要完成其自身生长的过程，所有这些都要求进食量急剧增加。

（二）肉用鸡的营养需要

北京油鸡肉用仔鸡、肉用种鸡营养需要参照《北京油鸡》（NY/T 1449—2007）中的规定执行，具体指标见表5-3和表5-4。

表5-3 北京油鸡肉用仔鸡营养需要

营养指标	单位	♀0~4周龄 ♂0~3周龄	♀5~8周龄 ♂4~5周龄	♀8周龄及以后 ♂5周龄及以后
代谢能	MJ/kg	12.12	12.54	12.96
粗蛋白质	%	21.0	19.0	16.0
蛋白能量比	g/MJ	17.33	15.15	12.34
赖氨酸能量比	g/MJ	0.87	0.78	0.66
赖氨酸	%	1.05	0.98	0.85
蛋氨酸	%	0.46	0.40	0.34
蛋氨酸＋胱氨酸	%	0.85	0.72	0.65
苏氨酸	%	0.76	0.74	0.68
色氨酸	%	0.19	0.18	0.16
精氨酸	%	1.19	1.10	1.00

（续）

营养指标	单位	♀0~4 周龄 ♂0~3 周龄	♀5~8 周龄 ♂4~5 周龄	♀8 周龄及以后 ♂5 周龄及以后
亮氨酸	%	1.15	1.09	0.93
异亮氨酸	%	0.76	0.73	0.62
苯丙氨酸	%	0.69	0.65	0.56
苯丙氨酸＋酪氨酸	%	1.28	1.22	1.00
组氨酸	%	0.33	0.32	0.27
脯氨酸	%	0.57	0.55	0.46
缬氨酸	%	0.86	0.82	0.70
甘氨酸＋丝氨酸	%	1.19	1.14	0.97
钙	%	1.00	0.90	0.80
总磷	%	0.68	0.65	0.60
非植酸磷	%	0.45	0.40	0.35
钠	%	0.15	0.15	0.15
氯	%	0.15	0.15	0.15
铁	mg/kg	80	80	80
铜	mg/kg	8	8	8
锰	mg/kg	80	80	80
锌	mg/kg	60	60	60
碘	mg/kg	0.35	0.35	0.35
硒	mg/kg	0.15	0.15	0.15
亚油酸	%	1	1	1
维生素 A	IU/kg	5 000	5 000	5 000
维生素 D	IU/kg	1 000	1 000	1 000
维生素 E	IU/kg	10	10	10
维生素 K	mg/kg	0.50	0.50	0.50
硫胺素	mg/kg	1.80	1.80	1.80
核黄素	mg/kg	3.60	3.60	3.00
泛酸	mg/kg	10	10	10
烟酸	mg/kg	35	30	25
吡哆醇	mg/kg	3.5	3.5	3.0
生物素	mg/kg	0.15	0.15	0.15

（续）

营养指标	单位	♀0～4周龄 ♂0～3周龄	♀5～8周龄 ♂4～5周龄	♀8周龄及以后 ♂5周龄及以后
叶酸	mg/kg	0.55	0.55	0.55
维生素 B₁₂	mg/kg	0.010	0.010	0.010
胆碱	mg/kg	1 000	750	500

表5-4　北京油鸡肉用种鸡营养需要

营养指标	单位	0～6周龄	7～18周龄	19周龄至开产	产蛋期
代谢能	MJ/kg	12.12	11.70	11.50	11.50
粗蛋白	%	20.0	15.0	16.0	16.0
蛋白能量比	g/MJ	16.50	12.82	13.91	13.91
赖氨酸能量比	g/MJ	0.74	0.56	0.70	0.70
赖氨酸	%	0.90	0.75	0.80	0.80
蛋氨酸	%	0.38	0.29	0.37	0.40
蛋氨酸＋胱氨酸	%	0.69	0.61	0.69	0.80
苏氨酸	%	0.58	0.52	0.55	0.56
色氨酸	%	0.18	0.16	0.17	0.17
精氨酸	%	0.99	0.87	0.90	0.95
亮氨酸	%	0.94	0.74	0.83	0.86
异亮氨酸	%	0.60	0.55	0.56	0.60
苯丙氨酸	%	0.51	0.48	0.50	0.51
苯丙氨酸＋酪氨酸	%	0.86	0.81	0.82	0.84
组氨酸	%	0.28	0.24	0.25	0.26
脯氨酸	%	0.43	0.39	0.40	0.42
缬氨酸	%	0.60	0.52	0.57	0.70
甘氨酸＋丝氨酸	%	0.77	0.69	0.75	0.78
钙	%	0.90	0.90	2.00	3.00
总磷	%	0.65	0.61	0.63	0.65
非植酸磷	%	0.40	0.36	0.38	0.41
钠	%	0.16	0.16	0.16	0.16
氯	%	0.16	0.16	0.16	0.16
铁	mg/kg	54	54	72	72

（续）

营养指标	单位	0～6周龄	7～18周龄	19周龄至开产	产蛋期
铜	mg/kg	5.4	5.4	7.0	7.0
锰	mg/kg	72	72	90	90
锌	mg/kg	54	54	72	72
碘	mg/kg	0.60	0.60	0.90	0.90
硒	mg/kg	0.27	0.27	0.27	0.27
亚油酸	%	1	1	1	1
维生素A	IU/kg	7 200	5 400	7 200	10 800
维生素D	IU/kg	1 440	1 080	1 620	2 160
维生素E	IU/kg	18	9	9	27
维生素K	mg/kg	1.4	1.4	1.4	1.4
硫胺素	mg/kg	1.6	1.4	1.4	1.8
核黄素	mg/kg	7	5	5	8
泛酸	mg/kg	11	9	9	11
烟酸	mg/kg	27	18	18	32
吡哆醇	mg/kg	2.7	2.7	2.7	4.1
生物素	mg/kg	0.14	0.09	0.09	0.18
叶酸	mg/kg	0.90	0.45	0.45	1.08
维生素 B_{12}	mg/kg	0.009	0.005	0.007	0.010
胆碱	mg/kg	1 170	810	450	450

第三节　常用饲料

一、北京油鸡常用饲料的种类及营养特点

北京油鸡饲料种类与其他褐壳蛋鸡大致相同，常用的饲料原料包括能量饲料、蛋白质补充饲料、矿物质饲料和饲料添加剂。饲料添加剂包括营养性饲料添加剂和非营养性饲料添加剂。

（一）能量饲料

目前的饲料分类体系从蛋白质与粗纤维的角度对能量饲料的概念加以规定。以干物质计，粗蛋白质含量小于20%，且粗纤维含量不高于18%的饲料均属于能量饲料。能量饲料在动物饲粮中占比最大，通常可达到50%～70%，

主要为动物提供能量。北京油鸡所用能量饲料一般包括谷实类籽实及其加工副产品和动植物油脂等。

（二）蛋白质补充饲料

几乎所有的饲料都含有蛋白质，但是含量和品质却千差万别。以干物质计，粗纤维含量小于18％，粗蛋白质含量等于或大于20％的一类饲料称为蛋白质补充饲料（protein supplement feed）。这类饲料包括植物性蛋白质饲料、动物性蛋白质饲料、微生物性蛋白质饲料和非蛋白质含氮化合物。

（三）矿物质饲料

1. 常量矿物元素饲料

（1）钙源性饲料　天然饲料中一般都含有钙，但其含量一般都不能满足鸡的营养需要，特别是产蛋期，饲粮中应注意补充钙。常用的钙源性饲料包括石灰石粉、贝壳粉、蛋壳粉、碳酸钙和石膏等。

（2）钙、磷源性饲料　这类饲料主要包括磷酸氢钙、骨粉、磷酸二氢钙、磷酸钙等。

（3）钠源性饲料　以氯化钠最为常见。

2. 微量矿物元素饲料　

家禽饲料中需要的微量矿物元素有铁、铜、锰、锌、硒、碘、钴等。含铁饲料常用的有硫酸亚铁、氯化铁和柠檬酸铁，含铜饲料常用的有硫酸铜、氯化铜、氧化铜、碳酸铜，含锰饲料常用的有硫酸锰和氧化锰，含锌饲料常用的有氧化锌和硫酸锌，含硒饲料常用的有硒酸钠和亚硒酸钠，含碘饲料常用的有碘化钾、碘化钠和碘酸钠，钴一般以维生素 B_{12} 的形式添加。

硒酸钠和亚硒酸钠都有剧毒，一般先制成较低浓度的预混剂再进行添加，添加时要注意用量，以免引起中毒。

（四）饲料添加剂

饲料添加剂是在饲料生产加工、使用过程中添加的各种微量物质的统称。饲料添加剂的作用是完善饲料营养价值，提高饲料利用率，促进鸡饲养期间的生长和防治疾病，减少饲料在储存期间的营养物质损失，提高适口性，增加食欲，改进产品品质等。一般将饲料添加剂分为营养性饲料添加剂和非营养性饲料添加剂。

二、北京油鸡常用饲料的描述及营养成分

北京油鸡常用饲料的描述及营养成分见表5-5和表5-6。

表5-5 北京油鸡常用饲料描述、常规成分及代谢能

饲料名称	干物质 (%)	粗蛋白 (%)	粗脂肪 (%)	粗纤维 (%)	钙 (%)	总磷 (%)	有效磷 (%)	鸡代谢能 (MJ/kg)
玉米（2级）	86.0	8.0	3.6	2.3	0.02	0.27	0.05	13.47
小麦	88.0	13.4	1.7	1.9	0.17	0.41	0.21	12.72
高粱	88.0	8.7	3.4	1.4	0.13	0.36	0.09	12.30
次粉	87.0	13.6	2.1	2.8	0.08	0.48	0.17	12.51
小麦麸（1级）	87.0	15.7	3.9	6.5	0.11	0.92	0.32	5.69
大豆粕	89.0	44.2	1.9	5.9	0.33	0.62	0.16	10.00
棉籽粕（2级）	90.0	43.5	0.5	10.5	0.28	1.04	0.26	8.49
菜籽粕	88.0	38.6	1.4	11.8	0.65	1.02	0.25	7.41
花生仁粕（2级）	88.0	47.8	1.4	6.2	0.27	0.56	0.17	10.88
玉米蛋白粉	90.1	63.5	5.4	1.0	0.07	0.44	0.16	16.23
鱼粉	90.0	60.2	4.9	0.5	4.04	2.90	2.90	11.80
苜蓿草粉	87.0	17.2	2.6	25.6	1.52	0.22	0.22	3.64
石粉					35.84	0.01		
贝壳粉					32～35			
磷酸二氢钙					15.90	24.58		
磷酸氢钙（2个结晶水）					23.29	18.00		
骨粉（脱脂）					29.80	12.50		

注：本表摘自《中国饲料成分及营养价值表》（2017年第28版），中国饲料数据库。

表5-6 北京油鸡常用饲料中氨基酸含量

饲料名称	干物质 (%)	粗蛋白 (%)	精氨酸 (%)	组氨酸 (%)	异亮氨酸 (%)	亮氨酸 (%)	赖氨酸 (%)	蛋氨酸 (%)	胱氨酸 (%)	苏氨酸 (%)	色氨酸 (%)
玉米（2级）	86.0	8.0	0.37	0.23	0.27	0.96	0.24	0.17	0.17	0.29	0.06
小麦	88.0	13.4	0.62	0.31	0.46	0.89	0.35	0.21	0.30	0.38	0.15
高粱	88.0	8.7	0.33	0.20	0.34	1.08	0.21	0.15	0.15	0.28	0.09
次粉	87.0	13.6	0.85	0.33	0.48	0.98	0.52	0.16	0.33	0.50	0.18

（续）

饲料名称	干物质（%）	粗蛋白（%）	精氨酸（%）	组氨酸（%）	异亮氨酸（%）	亮氨酸（%）	赖氨酸（%）	蛋氨酸（%）	胱氨酸（%）	苏氨酸（%）	色氨酸（%）
小麦麸（1 级）	87.0	15.7	1.00	0.41	0.51	0.96	0.63	0.23	0.32	0.50	0.25
大豆粕	89.0	44.2	3.38	1.17	1.99	3.35	2.68	0.59	0.65	1.17	0.57
棉籽粕（2 级）	90.0	43.5	4.65	1.19	1.29	2.47	1.97	0.58	0.68	1.25	0.51
菜籽粕	88.0	38.6	1.83	0.86	1.29	2.34	1.30	0.63	0.87	1.49	0.43
花生仁粕（2 级）	88.0	47.8	4.88	0.88	1.25	2.50	1.40	0.41	0.40	1.11	0.45
玉米蛋白粉	90.1	63.5	2.01	1.23	2.92	10.50	1.10	1.60	0.99	2.11	0.36
鱼粉	90.0	60.2	3.57	1.71	2.68	4.80	4.72	1.64	0.52	2.57	0.70
苜蓿草粉	87.0	17.2	0.74	0.32	0.66	1.10	0.81	0.20	0.16	0.69	0.37

注：本表摘自《中国饲料成分及营养价值表》（2017 年第 28 版），中国饲料数据库。

三、不同类型饲料的合理加工与利用方法

（一）能量饲料的加工

能量饲料的营养价值和消化率一般都比较高，但是能量饲料籽实的种皮、壳、内部淀粉粒的结构，都能影响其消化吸收，所以能量饲料也需经过一定的加工，以便充分发挥其营养物质的作用。常用的方法是粉碎，但粉碎不能太细，一般加工成直径 2～3 mm 的小颗粒为宜。能量饲料粉碎后，与外界接触面积增大，容易吸潮和被氧化，尤其是含脂肪较多的饲料，容易变质发苦，不宜长久保存。因此，能量饲料一次粉碎数量不宜太多。

（二）蛋白质饲料的加工

1. 大豆的加工　生大豆中有多种抗营养因子，对生大豆的加工方法有焙炒、干式挤压法、湿式挤压法等。豆粕是大豆浸提油脂后的副产品，根据提取方式的不同，豆粕可分为一浸豆粕和二浸豆粕，一浸豆粕的生产工艺较为先进，蛋白质含量高。

2. 棉籽粕脱毒　棉籽粕中含有毒物质，为安全使用，必须对棉籽粕进行脱毒。棉籽粕脱毒方法有化学法（硫酸亚铁石灰水浸泡法）、水煮法、发酵法、混合溶剂萃取法等。

3. **菜籽饼脱毒**　菜籽饼中含有毒物质，品种不同，菜籽饼含毒量也不同。菜籽的提油工艺不同，菜籽饼的含毒量也不同。机榨饼含毒量高于浸出饼粕，机榨与浸提连用的生产方式菜籽饼含毒最少。菜籽饼的脱毒方法有坑埋法、化学法（氨处理法、碱处理法、硫酸亚铁或硫酸铜处理法）、机械法、水洗法和发酵法。

（三）微量元素预混合饲料

将辅料（载体或稀释剂）进行清理、粉碎，经烘干后再次粉碎并过筛，将微量元素主料烘干经粉碎研磨后精确称量，经稀释后混入已称量的辅料中，进行充分混合，即得到微量元素预混合饲料。

（四）氨基酸添加剂饲料

氨基酸添加剂属于高价值低用量的饲料原料，在配制饲料时应先添加至预混合饲料中，预先混匀，再加入到配合饲料中混匀。液态氨基酸添加剂以喷入的方式加入饲料中，并确保混合均匀。

第四节　北京油鸡的饲粮

一、北京油鸡的饲粮配制

只有各种营养物质都满足鸡的营养需要，并且都达到最佳配比水平，才能够使饲料转化率达到最高。要配制出既能满足鸡的生长、生产需要，又能降低生产成本的配合饲料，应从以下几方面考虑。

（一）选择合适的饲养标准

配制北京油鸡饲粮，应以北京油鸡饲养标准为依据，这是保证饲粮科学性的前提。目前，北京油鸡尚无国家的饲养标准。农业行业标准《北京油鸡》（NY/T 1449—2007）中规定，种鸡和商品鸡的饲粮营养需要量按 NY/T 33—2004 的规定执行。在参考营养标准的同时，还要考虑到鸡群生产水平并结合生产实际情况，请有经验的专业人员对饲料标准中的某些营养指标给予适度调整。

（二）选择优质饲料

变质的饲料对北京油鸡的危害性很大，鸡对毒素等有害物质的易感性强，

耐受力弱。另一方面，如果饲料品质差，配合饲料时又没有进行化验分析，只是按营养价值表推算，配成的饲料就无法达到北京油鸡的营养要求。

（三）营养元素比例要恰当

特别是必需氨基酸的数量与平衡。配制饲料前，最好进行饲料原料的抽样分析，获取所要采用的各种饲料的营养成分。在目前还没有专门针对北京油鸡的饲养标准的条件下，为尽可能科学地配制饲料，要逐步摸索北京油鸡的营养需要量，不断地调整饲料，使饲料中的营养物质的数量和比例更接近于北京油鸡各生长阶段的需要。

（四）饲料多样化

配制饲料要参考饲养标准和根据实践经验总结，使饲料中各营养物质的含量和比例达到最佳，但任何一种饲料都不会完全符合饲养标准。各种饲料原料具有不同的营养特点，能量饲料含代谢能高、含蛋白质低，蛋白质饲料含蛋白质高，糠麸类饲料含维生素丰富。配制北京油鸡饲料时，饲料原料的种类要尽量多样化，多种饲料搭配使用，各取所长，发挥各种营养成分的互补作用，使各种氨基酸更趋平衡，保证各种营养素的完善，提高营养物质的利用率。

（五）适口性

虽然鸡味觉不发达，但配制饲料的适口性对采食量影响仍然较大。因此，所配饲料的适口性必须符合北京油鸡的采食和消化特点。若饲料适口性较差，即使理论上饲料营养成分足够，而实际上因采食量不足而不能满足北京油鸡的生产需要。

（六）成本因素

配制饲料时，在保证北京油鸡自身营养需求的同时，获得理想的经济效益也是需要考虑的因素之一。为此，要充分掌握当地的饲料来源情况和原料价格，因地制宜，充分开发和利用当地的饲料资源，选用营养价值较高且价格较低的饲料原料，配制质优价廉的饲料，适度降低配合饲料的成本。

二、北京油鸡的饲料配方实例

肉用北京油鸡和蛋用北京油鸡饲料配方有所区别，详见表5-7至表5-10。

表 5-7　肉用北京油鸡饲料配方（1）

成分	1～4 周龄（%）	5～8 周龄（%）	9～13 周龄（%）
玉米	56.10	60.18	67.32
棉籽粕	3.96	1.10	1.07
大豆粕	30.30	30.00	23.30
大豆油	2.00	3.20	4.10
玉米蛋白粉	3.50	1.80	0.60
磷酸氢钙	1.70	1.45	1.46
石粉	1.40	1.30	1.10
食盐	0.35	0.35	0.35
蛋氨酸	0.19	0.12	0.14
赖氨酸			0.06
预混料	0.50	0.50	0.50
合计	100.00	100.00	100.00

注：预混料中每千克含铁 80 mg（硫酸亚铁），铜 8 mg（硫酸铜），锌 60 mg（硫酸锌），锰 80 mg（硫酸锰），硒 0.15 mg（亚硒酸钠），维生素 A 1 500 IU，维生素 E 30 IU，核黄素 9.6 mg，维生素 K_3 3 mg，硫胺素 3 mg，泛酸钙 15 mg，烟酰胺 45 mg，吡哆醇 4.5 mg，生物素 0.15 mg，叶酸 1.5 mg，维生素 B_{12} 0.03 mg。

表 5-8　肉用北京油鸡饲料配方（2）

成分	1～7 周龄（%）	8～13 周龄（%）
玉米	58.48	70.21
豆粕	31.00	23.50
玉米蛋白粉	5.00	
玉米油	1.50	3.00
磷酸氢钙	1.80	1.30
石粉	1.40	1.20
食盐	0.30	0.30
DL-蛋氨酸	0.10	0.07
氯化胆碱（50%）	0.20	0.20
微量元素预混料	0.20	0.20
维生素预混料	0.02	0.02
合计	100.00	100.00

注：微量元素预混料为每千克饲粮提供铁 100 mg，铜 8 mg，锌 100 mg，锰 120 mg，硒 0.30 mg，碘 0.70 mg。维生素预混料为每千克饲粮提供维生素 A 12 000 IU，维生素 D_3 3 500 IU，维生素 E 25 IU，维生素 K_3 2 mg，维生素 B_1 2 mg，维生素 B_2 8 mg，烟酸 60 mg，维生素 B_6 80 mg，维生素 B_{12} 0.014 mg，生物素 0.18 mg，泛酸 20 mg，叶酸 0.8 mg。

表 5-9 蛋用北京油鸡饲料配方（1）

成分	22～43 周龄（%）	44～57 周龄（%）
玉米	64.000	64.000
豆粕	23.200	23.200
小麦麸	3.800	3.800
石粉	6.842	7.200
磷酸氢钙	0.885	0.295
食盐	0.350	0.350
赖氨酸	0.050	0.050
蛋氨酸	0.135	0.135
预混料	0.332	0.332
植酸酶	0.012	0.012
建筑沙	0.394	0.626
合计	100.000	100.000

注：预混料包括维生素预混料和微量元素预混料。

表 5-10 蛋用北京油鸡饲料配方（2）

成分	20～21 周龄（%）	22～43 周龄（%）	44～65 周龄（%）
玉米	65.50	64.00	62.80
豆粕	24.20	24.00	24.50
小麦麸	2.00	2.50	2.20
植物油	0.30	0.30	0.60
石粉	4.00	5.20	5.90
预混料	4.00	4.00	4.00
合计	100.00	100.00	100.00

注：预混料可为每千克饲粮提供铁 80 mg，铜 8 mg，锌 70 mg，锰 90 mg，维生素 A 10 560 IU，维生素 D_3 4 000 IU，维生素 E 22.4 IU，核黄素 7.6 mg，烟酸 32 mg，D-泛酸 9.6 mg，维生素 B_{12} 0.03 mg，生物素 0.18 mg。

第六章
饲养管理

第一节　概　述

　　饲养管理是对整个养殖过程的监督、管理和控制，通常涵盖两个主要的方面，一方面是养殖场日常的管理，包括喂料、喂水、喂药和疫苗接种以及养殖场的日常巡视；另一方面是环境控制与管理，包括场址的选择、畜禽舍的建筑，以及消毒、隔离、温度、湿度、密度、通风、光照、卫生、垫料等的控制与管理。

　　北京油鸡属于肉蛋兼用型或蛋肉兼用型品种，外观独特，肉质细嫩鲜美，蛋品质优良，鸡蛋中卵磷脂、微量元素等含量高于普通鸡蛋，主要用来满足北京市中高档消费市场对优质禽类产品的需求。目前在北京及周边地区的养殖方式主要有生态放养、平养（地面平养和网上平养）、集约化笼养 3 种方式（图 6-1）。

图 6-1　北京及周边养殖方式
A. 生态放养　B. 集约化笼养　C. 地面平养

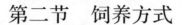

第二节　饲养方式

（一）生态放养

由于提高动物福利和推行健康养殖的呼声日益高涨，部分国家和地区已通过立法逐渐禁止蛋鸡笼养。欧盟 1999/74/EC 号指令中定义了 3 种蛋鸡舍饲系统：传统笼养系统、丰富型鸡笼系统和替代系统。笼养系统存在很多的缺点：狭小的空间，缺少垫料和产蛋箱，所养鸡骨骼脆，行为刻板，缺少"自然行为"的表达空间等。丰富型鸡笼的空间和设施也非常有限，使得母鸡仍然无法表达其自然行为或得到任何有意义的锻炼（筑巢、沙浴、栖息、刨抓），并可导致挫败感、非正常行为以及肢体退化。瑞士已经取消使用丰富型鸡笼系统，德国于 2012 年禁止使用丰富型鸡笼系统。生态放养模式系统可以满足鸡的一些福利要求，但是生产效能较低。根据生长环境可以将生态放养分为林地放养模式、草地放养模式、庭院放养模式等。由于养殖环境的不同，自然放养模式的设施设备组合也相对自由，但是基础的设施设备需要包括棚舍、栖架、饮水设备、补料设备、产蛋箱、防鸟防鼠设备以及补光和诱虫设备等。

（二）地面平养

地面平养适合于中小型北京油鸡养殖场或者养殖户，在养殖中需要在鸡舍地面铺设一层 5～10 cm 厚的垫料，垫料的厚度随着鸡日龄的增加而不断补充，一般在雏鸡 2～3 周龄后，每隔 3～5 d 添加一次，使垫料厚度达到 15～20 cm。在养殖过程中对因粪便多而结块的垫料，要及时翻松，以防止板结。常用作垫料的原料一般就地取材，可以是木屑、谷壳、甘蔗渣、干杂草、稻草等，每批北京油鸡出栏后，将垫料彻底清除更换。

地面平养的优点之一是垫料与粪便可结合发酵产生热量，可提高室温，对北京油鸡抵抗寒冷有益；同时垫料中微生物的活动可产生维生素 B_{12}，部分补充北京油鸡所需的维生素；而且厚垫料饲养方式对鸡舍建筑设备要求不高，可以节约投资，降低成本，并且鸡群在松软的垫料上活动腿部疾病和胸部囊肿发生率低，产品上市合格率高。地面平养存在的安全风险主要在于垫料，垫料水分含量高会引起肠炎、黄曲霉毒素中毒、腿病和细菌性疾病等，垫料过干会使北京油鸡的生理机能异常，造成营养失调及多种疾病的发生。

（三）网上平养

在资源愈发短缺的情况下，可作垫料材料的木屑、刨花、稻壳等的价格越来越高，地面平养的成本逐年增加，加上北京油鸡与粪便的接触增加了球虫病的发病率，由此网上平养的方式应运而生。最初的网上平养是用竹条、铁丝或者塑料等材料搭建离地 60 cm 左右的网，鸡群在网上饲养，鸡粪可通过网眼落到地面，避免与北京油鸡接触，有效降低球虫病等的发病率。网上平养的鸡舍中间留有过道，方便饲养员操作。随着北京油鸡产业的现代化，现在的网上平养实现了鸡舍全覆盖，由一块一块的 1 m² 左右的网拼组而成，网高 30 cm，饲养员也可在网上行走、工作。与地面平养相比，网上平养鸡舍的粪便更便于清理，有利于环境的改善；网上平养的饲养密度可略大于地面平养；节省垫料，网面可重复使用；鸡舍的温度、湿度和通风更易于控制；掉落于地上的鸡粪是纯鸡粪，有利于其再利用。但在网面清洗消毒方面，需要大量的劳动力和更高的时间成本，简便性较差。

（四）集约化笼养

集约化笼养是在土地资源匮乏和饲养资源紧缺的情况下根据蛋鸡的饲养模式发展的一种北京油鸡饲养方式。笼养主要包括直立式笼养和阶梯式笼养，其优势是可在占地面积更小的鸡舍中饲养更多的北京油鸡，在相同的土地面积内，集约化笼养可饲养的北京油鸡的数量是平养的 4 倍，大大提高了土地利用率，同时还可缩短饲养时间、提高北京油鸡成活率、节约能源、降低饲养成本等。尽管北京油鸡在有限的空间中，减少了活动，降低了能量消耗，但是笼养方式不仅限制了北京油鸡沙浴、觅食等生物学行为，违反动物福利的规范，并且北京油鸡长期趴卧在铁丝或竹条的网面上，增加了其胸囊肿的发病率，降低了北京油鸡的福利水平。

第三节　环境管理

一、养殖过程中的密度控制

（一）生态放养模式的养殖密度控制

HFAC（养殖动物人道关爱组织）认证的自由放养标准，要求每只家禽有约 0.186 m² 的活动面积。在天气允许的情况下，母鸡每天必须在户外至少待 6 h，所有其他标准必须得到满足。HFAC 认证的草地饲养要求每 1 000 只家禽提供 1.012×10⁴ m² 饲养面积，即每只家禽 10.12 m²，且该草地必须轮换使用。母鸡必须全年在户外，并配备夜间能入住的移动或固定的鸡舍，以保护它们免受天敌的侵害，或仅仅因为非常恶劣的天气，每年最多 2 周的户内生活。所有其他标准必须得到满足。

结合中国的国情和养殖现状，通过多年的生产实践积累，建议油鸡在 7 周龄后进行放养，此时雏鸡身体各部分的发育日趋成熟，羽毛逐渐丰满，体温调节系统、消化系统等功能也趋于完善。这时可根据舍外的环境温度适时进行放养，舍外气温不低于 15 ℃（最适温度为 18～25 ℃）。根据植被状况确定放养规模，植被好的场所按每公顷 750～900 只放养，植被条件差的场所按每公顷 300～450 只放养。根据放养场地面积和放养密度确定放养规模，一般 500 只鸡为一群，每群建一栋鸡舍，鸡舍之间相隔 150～200 m，不同群之间不安装围网，统一在外围安装围网。有条件的农场推荐将放牧区隔成两块或多块，实施 1～2 周一块放牧区的轮牧放养，可减少疾病发生和植被的破坏。

（二）地面平养模式的养殖密度控制

每平方米面积饲养的鸡只数根据鸡舍的大小和鸡的大小及饲养方式而定。通常 1 周龄北京油鸡 80 只/m²，2 周龄北京油鸡 60 只/m²，3 周龄北京油鸡 40 只/m²，4 周龄北京油鸡 20 只/m²，5 周龄北京油鸡 15 只/m²，6 周龄及以后 10 只/m²。

（三）集约化养殖模式的养殖密度控制

采取叠层笼养的方式可以大幅度提高单位建筑面积的饲养密度，如果按照四层重叠式笼养，平面每平方米可达 100 只，在一个 12 m×100 m 的传统规格的养殖舍内，地面平养每批饲养量为 1.5 万～2 万只，但是对于笼养的饲养量可达 6 万～8 万只，即在同样建筑面积内，饲养量提高了 4 倍以上。

二、养殖过程中的光照控制

（一）放养模式下的光照和补光控制

放养条件下北京油鸡的补光方式和笼养鸡基本相同，根据日照情况确定补光的时间。由于高产蛋鸡散养的季节控制在 3～11 月，所以育雏期和育成期是在 10 月到翌年 2 月，也就是开始放养时鸡在 16～17 周龄。3 月的自然光照大约 11 h，这时开始补光，每周增加 0.5～1 h，达到每日 16～16.5 h 为止，并稳定下来。产蛋 5～6 个月后，将每日的光照时间调至 17 h。有些地区可以将黑光灯或高压灭蛾灯悬挂于距地面 3.5～4 m 高的位置，傍晚开灯 2～3 h 诱虫、除虫。

（二）地面平养模式下的光照控制

饲养北京油鸡需要适当的光照，其目的是延长采食时间、增加摄食量、加快生长速度。通常 1～2 日龄 24 h 光照，3 日龄后每天光照 23 h，夜间关灯 1 h 保持鸡舍黑暗，使鸡能适应突然停电时的环境变化，防止鸡因聚集而引起死亡。光照在育雏期的第一周要强一些，防止过分活动或发生啄癖。有条件的也可采用 1～2 h 光照，2～3 h 黑暗的光照方式。调整光照时需要注意观察鸡的精神、采食、粪便、呼吸等状态，发现有异常情况时要查明原因，及时采取措施。

（三）集约化笼养模式下的光照控制

对于集约化笼养模式而言，光照控制通常采用 1～3 日龄 24 h 光照，3 日龄以后 23 h 光照、1 h 黑暗的模式。对于叠层笼养而言，每一层鸡背部的光照度应该达到 5～10 lx。但是适当地提高光照度可以促进鸡的性成熟。

三、养殖过程中的温湿度控制

（一）温度控制

育雏温度第一周保持在 32～35 ℃，从第 2 周起每周下降 2～3 ℃，具体可根据环境温度来调节。温度过高时易引起雏鸡上呼吸道疾病，出现饮水增加、食欲减退等症状，过低则造成雏鸡生长受阻、相互扎堆，扎堆的时间过长就会造成大批雏鸡被压死。如雏鸡活泼好动，食欲旺盛，饮水适度，粪便正常，羽毛生长良好，休息和睡眠时安静，在室（笼）内分布均匀，体重增长正常，则表明舍内温度适宜。到 5 周龄后环境温度以 20～21 ℃为宜，最低不得低于 16 ℃。

（二）湿度控制

育雏相对湿度以 50%～65% 为宜。鸡 1～10 日龄时舍内相对湿度以 60%～65% 为宜，湿度过低，影响卵黄吸收和羽毛生长，雏鸡易患呼吸道疾病；10 日龄以后相对湿度以 50%～60% 为宜。随着雏鸡体重增加，呼吸与排泄功能也相应增强，提高育雏室相对湿度，易诱发球虫病，此时要注意通风，保持室内干燥清洁。

四、其他环境控制

（一）通风

通风可将舍内有害气体排出，保持舍内空气新鲜，还可调节舍内温度、湿度。如果通风不良，舍内有害气体聚集，会诱发呼吸道疾病。通风前应适当提高舍内温度，以免通风后温度骤降，通风时要避免冷风直接吹到雏鸡身上。雏鸡舍通风要循序渐进，饲养前期以保温为主，兼顾通风；后期以通风为主，兼顾保温。10 日龄内可通过控制屋顶风机挡风板调节通风量，2 周龄及以后可通过门窗进行通风，门窗在早晚凉时小敞，中午热时大敞；有风时小敞，无风时大敞。当进入鸡舍，感觉气味刺鼻时，必须通风，并提高舍内温度。排出舍内有害气体，可以降低呼吸道疾病的发生。

（二）舍外环境控制

及时收集粪便并堆积在远离鸡舍的地方，用塑料膜盖严使粪便发酵，以杀死粪便中的病原微生物、寄生虫的虫卵等。

五、北京油鸡养殖模式的管理

（一）雏鸡的选择

雏鸡的挑选方法简单概括为"一看、二摸、三听"。一看，用肉眼看雏鸡的精神状态和外观。选择活泼好动，反应灵敏，眼明亮有神，绒毛长短适中，羽毛干净有光泽，大小符合品种标准，腹部大小适中，脐部愈合良好，泄殖腔处不粘粪便，两脚站立较稳，腿、喙色浓，没有任何缺陷的雏鸡。二摸，用手触摸雏鸡来判断体质强弱。健雏握在手中腹部柔软有弹性用力向外挣脱，脚及全身有温暖感。三听，听雏鸡的鸣叫声，健雏叫声清脆洪亮。

（二）饮水与开食

买回的雏鸡与盒一起散放在育雏室内，使雏鸡休息5～10 min后再放到地面或网上。雏鸡入舍后应先饮水，用加有5%葡萄糖和1%多维的温水给雏鸡首次饮水，饮水2～3 h后，约有2/5的雏鸡有觅食表现时就可开食，由于雏鸡消化道容积小，消化机能差，故不可过量，过量会造成消化不良，容易发生消化道疾病，可以把饲料平撒在垫板上，要求少给勤添，要有足够的空间让雏鸡自由采食，防止雏鸡相互挤压致死。饲料要求营养丰富，颗粒要求要细小（破碎料）。雏鸡生长发育快，代谢旺盛，所以要保证自由饮水和充足的采食。由于雏鸡处于高温环境中，间断饮水会使雏鸡干渴而造成抢水、暴饮而导致死亡，缺水也容易发生脱水而死亡。

（三）放养模式的管理

（1）放养密度与时间　一般选择4月初至10月底放养，这期间林地杂草丛生，虫、蚁等昆虫繁衍旺盛，鸡群可采食到充足的生态饲料。此时，外界气温适中，风力不强，能充分利用较长的自然光照，有利于鸡的生长发育。其他月份则采取舍养为主放养为辅的饲养模式。一般在4周龄后开始放养，放养密度以每100 m² 15只左右为宜。初放的2～3 d，因脱温、环境变化等影响，可在饲料或饮水中加入一定量的维生素C或复合维生素等，以防应激。随着雏鸡长大，可在舍内外用网圈围，以扩大雏鸡活动范围。放养应选择晴天，中午将雏鸡赶至室外草地或地势较为开阔的坡地进行放养，让其自由采食植物籽实及昆虫。放养时间应结合室外气候和雏鸡活动情况灵活掌握。

（2）归牧调教　为尽早让鸡养成在果园山林觅食和傍晚返回棚舍的习惯，放养开始时，可吹哨给鸡一个响亮信号，进行引导训练。让鸡群逐步建立起"吹哨—回舍—采食"的条件反射，只要吹哨即可召唤鸡群采食。经过一段时间的训练，鸡会逐步适应外界的气候和环境，在养成了放牧归牧的习惯后，全天放牧。

（3）轮牧划定轮牧区　一般每3 000 m²地划为一个牧区，每个牧区用尼龙网隔开，这样既能防止鼠、黄鼠狼等对鸡群的侵害和带入传染性病原，有利于管理，又有利于食物链的建立。待一个牧区草虫不足时，再将鸡群转到另一牧区放牧，公母鸡最好分在不同的牧区。在养鸡数量少和草虫不足时，可不分区，或采取每饲养 3 批鸡（一般为 1 年）后要将放养场转换至另一个新的地方，使病原菌和宿主脱离，并配合消毒对病原做彻底杀灭。这样不但能有效减少鸡群间病菌的传染机会，而且有利于植被恢复和场地自然净化，同时通过鸡群的活动，可减少放养场内植株病虫害的发生。

（4）饮水管理　棚舍附近需放置若干饮水器以补充饮水，因鸡接触土壤，水易污染，应勤换水。

（5）日常管理　补喂饲料的时间要固定，不可随意改动，这样可增强鸡的条件反射。夏秋季可以少补，春冬季可多补一些。生长期（5～8 周龄）的鸡生长速度快，食欲旺盛，每只鸡日补精料 25 g 左右，日补 2～3 次。育肥期（9 周龄至上市）鸡饲养要点是促进脂肪沉积，改善肉质和羽毛的光泽度，做到适时上市，在早晚各补饲 1 次，按"早半饱、晚适量"的原则确定日补饲量，每只鸡一般在 35 g 左右。

（6）勤观察　放养期日常管理还要做到"四勤"。一是放鸡时勤观察，放鸡时，健康鸡总是争先恐后向外飞跑，弱鸡常落在后边，病鸡不愿离舍，通过观察可及时发现病鸡，进行隔离和治疗。二是补料时勤观察，健康鸡敏感，往往显示迫不及待；病弱鸡不吃食或吃食动作迟缓；病重鸡表现精神沉郁、两眼闭合、低头缩颈、行动缓慢等。三是清扫时勤观察，正常鸡粪便软硬适中，呈堆状或条状，上面覆有少量的白色尿酸盐沉积物；粪便过稀为摄入水分过多或消化不良；浅黄色泡沫粪便大部分由肠炎引起；白色稀便多为患鸡白痢；排深红色血便可能为鸡球虫病。四是关灯后勤观察，晚上关灯后倾听鸡的呼吸是否正常，若带有"咯咯"声，则说明有呼吸道疾病。

（四）地面平养模式下的饲养管理

（1）脱温　北京油鸡在育雏结束后，进入育成阶段要进行脱温。在脱温的过程中，要根据外界环境温度确定脱温时间，如在冬季脱温应该在 8～9 周龄时进行，同时在脱温的过程中要注意逐步脱温，而且在此环节一定要注意避免因天气骤然变化导致育成鸡的死亡。同时脱温结束后需要对鸡群进行转群，在转群的过程中要注意尽量减少应激。

（2）卫生管理　要保持禽舍的环境卫生，每天安排专人清扫舍内的粪便、羽毛等污物。保证每周鸡舍内消毒 2～3 次，在特殊的时期还要加大消毒的频次和剂量。每周进行舍外环境消毒 1 次。

（3）环境控制　舍内的温度应该恒定在 15～25 ℃，相对湿度为 55%～60%，注意通风换气，降低舍内的氨气、硫化氢等有害气体的含量，保证舍内空气新鲜。

（4）分群管理　在 50～60 日龄后应按性别分群，实行公母分群饲养，以便更好地管理和分批出栏。同时还要根据个体的大小、强弱等差异进行分开饲养，避免在饲养过程中造成争斗和采食不均。

（五）集约化笼养模式的管理

（1）环境管理　根据养殖环境的要求，进行温度调整。冬季，在最小通风量情况下，同一时间，鸡舍内各位置间温差不超过 2 ℃；同一地点 24 h 内舍内温度与目标温度（表 6-1）温差不超过 2 ℃；相对湿度维持在 50%～65%；鸡舍内空气质量要求为鸡舍内 O_2 浓度≥19.6%、CO_2 浓度≤0.35%、CO 浓度≤0.004%、NH_3 浓度≤0.002%、H_2S 浓度≤0.000 5%。

表 6-1　北京油鸡日龄与目标温度

日龄	1～2	3～4	5～7	8～14	15～21	22～28	29 及以后
目标温度（℃）	35～36	33～34	31～32	28～29	26～27	22～24	18～20

（2）饮水管理　饮用水要新鲜清洁，饮水品质应达到《生活饮用水卫生标准》（GB 5749—2006）中的要求，饮水量为青年鸡每天最大饮水量为 200 mL/只，产蛋鸡每天最大饮水量为 300 mL/只。

（3）进鸡和淘汰鸡管理　装载雏鸡或青年鸡的车辆消毒后入场到达鸡舍，将鸡运入鸡舍内，转运青年鸡的车辆消毒后入场到达鸡舍门口装运。鸡群淘汰时，车辆消毒后入场装运，并将淘汰鸡运至离场区至少 2 000 m 外的淘汰鸡交易场所进行交接，交接双方转运淘汰鸡的车辆、器具和人员不直接接触。

第四节　关键饲养技术

一、冬季放养蛋鸡保温的关键技术

在冬季，建议养殖户做好散养蛋鸡的越冬管理工作。一是做好鸡舍密闭工作，堵住漏风孔；二是加强鸡舍保温，必要时添加炉火，保持夜间温度不低于10℃，保证北京油鸡顺利越冬；三是做好通风工作，减少鸡舍内污浊气体的含量，防止煤气中毒；四是注意喂全价饲料，适量补充维生素、微量元素，保证蛋鸡营养；五是注意早晚补充光照，早上6时开灯，晚上10时关灯，解决因冬季日照短导致的油鸡产蛋量低的问题。

二、舍内有害气体控制的关键技术

目前，禽场控制舍内恶臭气体浓度的方法主要有自然通风和机械通风两种。在粪便堆肥化处理中，会产生大量恶臭气体，滋生蚊蝇，污染周边环境。目前采取的措施有每天清粪，对清粪带上的粪便进行干燥；对垫料进行干燥，较薄的垫料有利于干燥；及时更换垫料；舍内的温湿度控制等。在调研中发现，禽舍都能采取通风措施控制禽舍内恶臭气体的浓度，但在粪便处理中，无有效措施控制有害气体的排放。为了抑制禽粪中有害气体的排放，减轻禽舍内与养殖场周边的空气污染，可在粪便中添加乳酸菌、芽孢杆菌、产碱杆菌在内的多种具有除臭功能的有益微生物，除臭菌剂能有效降低鸡舍中氨气的含量。

三、北京油鸡的季节性管理

由于现有的北京油鸡养殖方式较为落后，环境调控能力差，因此商品油鸡的季节性管理是值得关注的。在夏季高温时，北京油鸡的采食量会随着温度的升高而下降，为了满足北京油鸡的营养需要，应该适时调整饲料配方，适当提高饲料中蛋白质的含量，同时降低饲养密度，避免由于密度过大导致鸡群采食、饮水不均，舍温过高，进而引起鸡群大范围死亡。为了降低鸡舍内温度，可以加大舍内的通风量，在改善空气质量的同时，通过加大通风，增加鸡群的散热，对于个别情况，为了提高鸡群的抗热应激的能力可以在饮水中加入水溶性维生素。在雨季要注意高温高湿对鸡群生长发育的影响，及时更换垫料，降低舍内氨气的浓度，防止球虫的滋生。同时为了防止饲料受潮霉变，要采取少量多次的原则购买和配制饲料，一般以储备3d的饲喂量为宜，成品饲料的保存要避免直接接触地面防止结块霉变，在潮湿的环境中容易滋生蚊、蝇等害虫，要在鸡舍内定期喷洒药物灭杀蚊蝇。对于已经出现球虫病的鸡群要投喂抗球虫的药物，避免球虫病在鸡群中大范围发生。

四、北京油鸡体型和均匀度的控制

　　鸡群均匀度是衡量种鸡群饲养管理水平和生产效益高低的重要指标之一。鸡群均匀度包括三个方面：体重均匀度、体型均匀度和性成熟均匀度。控制鸡群的均匀度主要通过鸡苗的质量来控制，雏鸡初生重与雏鸡的早期生长发育速度呈正相关。雏鸡的生长速度很快，要确保养殖的均匀度就要选用个体均一的种鸡，通常要求入孵种蛋必须是来自周龄相差不远的同一品种的种鸡，按照鸡的生长需要合理调整采食和饮水，并对采食和饮水区的位置进行合理布局，保证所有鸡都能够均匀采食，抢食、抢水会加快鸡群的两极分化，导致体重大的鸡采食多、增重快，体重小的则因采食少导致生长发育受阻、增重慢。因此，鸡群均匀度就会受到影响。对鸡群进行适当调整，按鸡体重的大小进行大、中、小等级调整。每周末进行抽样以掌握鸡群均匀度，在日常工作中不断调整鸡群到相应的等级中，及时采取相应的调群和饲养管理措施来提高鸡群均匀度。养殖过程中注意保持不同区域内光照的均匀，确保鸡群性成熟一致。

第七章
疾 病 防 控

第一节　概　　述

疾病防控是一个系统工程，是科学饲养管理的重要组成部分，是北京油鸡养殖业健康发展的基本保障。疾病防控主要包括诊断、隔离、消毒、预防接种及监测、病死禽无害化处理等。养殖场通过对疾病防控，建立防止病原入侵的隔离屏障，使鸡群生长处于最佳状态。

疾病诊断是有效控制和消灭疫情的基础，准确的诊断结果是制订疾病防控措施的科学依据。疫情的处理应坚持"早、快、严"的原则，确诊对疾病防控就显得尤为重要，确诊越早，采取措施越及时，防控效果越好，稍有延迟就可能导致病情扩散，造成巨大的损失。

隔离病禽和可疑感染的病禽是防治传染病的重要措施之一，其目的是控制传染源，防止鸡群继续受到感染，以便将病情控制在最小范围内加以扑灭。隔离用的禽舍距现有的禽舍越远越好，至少隔离两周时间，要密切观察鸡群有无任何疾病的征兆，在此期间还可以做血清学诊断。

消毒就是在预防为主的前提下，为减少养殖环境中病原微生物对家禽的侵袭，预防家禽疫病的发生与流行，将养殖环境、器具、家禽机体上的微生物杀灭或清除的方法。

免疫接种是疫病防治中的重要环节，生产实践中，有计划地进行免疫接种是防治家禽传染病，保障家禽健康、安全的积极措施。要通过抗体监测来评估鸡群免疫后是否产生了均匀有效的抗体，监测抗体上升规律，确认免疫效果；监测抗体消长规律，把握免疫最佳时机；监测异常的抗体结果，辅助诊断病毒性疾病。

无害化处理是通过用焚毁、化制、掩埋或其他物理、化学、生物学等方法将病害动物尸体和病害动物产品或附属物进行处理，以彻底消除病害因素，保障人和动物健康安全的一种科学手段。

第二节 消毒与防疫

一、消毒

（一）定义

消毒是指用物理的、化学的或生物学的方法杀灭或清除环境中的各种病原微生物，使之减少至不能引起传染病的数量的一种方法。

1. 物理消毒法　指使用物理因素杀灭或清除病原微生物及其他有害微生物的方法。常用的物理消毒法有自然净化、机械除菌、热力灭菌、辐射灭菌、超声波消毒、微波消毒等。

2. 化学消毒法　指使用化学消毒剂进行消毒的方法。理想的化学消毒剂应具备以下条件：杀菌谱广，有效浓度低，作用速度快，性质稳定，易溶于水，可在低温下使用，对物品无腐蚀性，消毒后易于除去残留药物，使用安全，便于运输。

3. 生物消毒法　指利用微生物间的作用，或用杀菌性植物进行消毒的方法。常用的是发酵消毒法。

（二）消毒药物的种类

1. 过氧化物类消毒剂　能产生具有杀菌能力的活性氧的消毒剂（表7-1）。

表7-1　过氧化物消毒剂性能对照

指　标	消毒剂种类					
	过氧乙酸	过氧化氢	过氧戊二酸	臭氧	二氧化氯	过硫酸复合盐
杀菌能力	强	强	强	强	强	强
刺激性、腐蚀性	强	强	强	无	无	无
人和动物的安全性	弱	弱	弱	较安全	安全	安全
稳定性	弱	弱	弱	弱	稳定	稳定
环境安全性	弱	弱	弱	最安全	安全	安全
使用范围	环境、空栏	环境、空栏	环境、空栏	饮水、环境	饮水、带禽、环境、器械等	饮水、带禽、环境

2. 含氯消毒剂　在水中能产生具有杀菌活性的次氯酸的消毒剂,包括有机含氯消毒剂和无机含氯消毒剂(表7-2和表7-3)。

表7-2　有机含氯消毒剂性能对照

指　　标	二氯异氰尿酸钠	三氯异氰尿酸	氯胺-T
有效氯含量(%)	>55	≥65	≥23~26
杀菌能力	强	强	强
刺激性、腐蚀性	较强	较强	较弱
人和动物的安全性	弱	弱	较弱
环境安全性	弱	弱	较安全
稳定性	水溶液不稳定	一般	水溶液不稳定
使用范围	饮水、环境、工具	饮水、环境、器械	饮水、带禽、环境

表7-3　无机含氯消毒剂性能对照

指　　标	次氯酸钠	漂白粉	漂(白)粉精
有效氯含量(%)	10~14	35	60
杀菌能力	很强	强	强
刺激性、腐蚀性	强	强	强
人和动物的安全性	弱,长期使用,对人和动物将造成严重的伤害		
环境安全性	弱,长期使用,对环境将造成严重的破坏		
稳定性	很弱	很弱	弱

3. 碘类消毒剂　是以碘为主要杀菌成分制成的各种制剂(表7-4)。

表7-4　碘制剂性能对照

指　　标	传统碘制剂 碘水溶液、碘酊和碘甘油	复合碘 碘酸溶液	碘伏 非离子型 (PVP-I/NP-I)	碘伏 阳离子型 (季铵盐碘)	碘伏 阴离子型 (烷基磺酸盐碘)
杀菌能力	较强	较强	强	强	
刺激性、腐蚀性	强	强	无	无	无
人和动物的安全性	弱	弱	最安全	安全	较安全
环境安全性	弱	弱	最安全	不安全	不安全

（续）

指　标	传统碘制剂	复合碘	碘伏		
	碘水溶液、碘酊和碘甘油	碘酸溶液	非离子型（PVP-I/NP-I）	阳离子型（季铵盐碘）	阴离子型（烷基磺酸盐碘）
稳定性	很弱	一般	很稳定	很稳定	较差
使用范围	环境	环境、空栏、饮水	饮水、黏膜、带禽、环境、伤口治疗等	带禽、环境	

4. 醛类消毒剂　能产生自由醛基，在适当条件下与微生物的蛋白质及某些其他成分发生反应（表7-5）。

表7-5　醛类消毒剂性能对照

指　标	甲醛（多聚甲醛）	戊二醛			邻苯二甲醛
		碱性戊二醛	酸性戊二醛	强化酸性戊二醛	
杀菌能力	一般	强	强	很强	很强
刺激性、腐蚀性	强	较弱	较弱	较弱	无
人和动物的安全性	弱	较安全	较安全	较安全	安全
环境安全性	弱	较安全	较安全	较安全	安全
稳定性	不稳定	不稳定	较稳定	较稳定	很稳定
使用范围	环境	带禽、环境、器械、水体等	带禽、环境、器械、水体等	带禽、环境、器械、水体等	带禽、环境、器械、水体等

5. 酚类消毒剂　目前酚类消毒剂主要为酚类衍生物（表7-6）。

表7-6　酚类消毒剂性能对照

指　标	苯酚（石炭酸）	煤酚皂液（来苏儿）	复合酚（农福）	氯甲酚溶液（4-氯-3-甲基苯酚）
杀菌能力	弱	稍强	强	很强
刺激性、腐蚀性	强	强	强	无
人和动物的安全性	弱，强致癌并有蓄积毒性	弱，强致癌并有蓄积毒性	弱，强致癌并有蓄积毒性	安全
环境安全性	弱	弱	弱	较安全
使用范围	环境	环境	环境	带禽、车辆、环境、器械等

6. 季铵盐及双胍类消毒剂　是阳离子型表面活性剂类消毒剂（表7-7）。

表7-7　季铵盐及双胍类消毒剂性能对照

指　　标	苯扎溴铵 （新洁尔灭或溴苄烷铵）	50％双癸基二甲基溴化铵 （百毒杀）
杀菌能力	弱	较强
刺激性、腐蚀性	刺激性弱，但对金属有腐蚀	无
人和动物的安全性	较安全	较安全
环境安全性	弱	弱
稳定性	稳定	稳定
使用范围	冲洗擦拭	带禽、冲洗擦拭

（三）消毒剂的使用方法及适用性

1. 喷雾法

（1）普通喷雾法　指用普通喷雾器喷洒消毒液进行表面消毒的处理方法，喷洒液体雾粒直径多在100 μm以上。各种农用和医用喷雾器均可应用。

普通喷雾消毒法适用于墙面、地面、室外建筑物和场地、车辆、笼具及植被等的消毒。按先上后下、先左后右的顺序依次喷洒。喷洒量可依据喷洒物表面的性质而定，以消毒剂可均匀覆盖表面至全部湿润为度。

喷洒有刺激性或腐蚀性消毒剂时，消毒人员应佩戴防护口罩、眼镜，穿防护服。室外喷雾时，消毒人员应站在上风向。

（2）气溶胶喷雾法　指用气溶胶喷雾器喷雾消毒液进行空气或物体表面消毒的处理方法，雾粒直径20 μm以下者占90％以上。由于所喷雾粒小，浮于空气中易蒸发，可兼收喷雾和熏蒸之效。喷雾时，可使用产生直径在20 μm以下雾粒的喷雾器，适用于对室内空气和物体表面实施消毒。使用时应特别注意防止消毒剂气溶胶进入人和动物的呼吸道。

2. 浸泡法　指将待消毒物品全部浸没于消毒剂溶液内进行消毒的处理方法。适用于对耐湿器械、器具、笼具等实施消毒与灭菌。消毒或灭菌至要求的作用时间后，应及时取出消毒物品用清水或无菌水清洗，去除残留消毒剂。

3. 喷洒法　将消毒液均匀喷洒在被消毒物体上，适用于地面的消毒。

4. 冲洗擦拭法　擦拭法选用易溶于水、穿透性强的消毒剂，擦拭物品表面或动物体表皮肤、黏膜、伤口等处。在标准的浓度和时间里达到消毒灭菌目的。

5. 熏蒸法　熏蒸消毒是利用消毒药物气体或烟雾，在密闭空间内进行熏蒸达到消毒目的的一种方法。该方法既可用于处理舍内空气（污染的空气），也可用于处理物体的表面，适用于空舍消毒。

（1）甲醛熏蒸　将甲醛水溶液置于陶瓷或玻璃器皿中，直接在火源上加热使药液蒸发。药液蒸发完毕后，应及时撤除火源。消毒使用量一般为 $18 \, mL/m^3$，要求消毒环境相对湿度保持在 $70\% \sim 90\%$。必要时可加水煮沸保持湿度，熏蒸后将房屋密闭 24 h。

（2）过氧乙酸熏蒸　过氧乙酸熏蒸消毒适用于密封较好的房间内污染表面的消毒，常用 20% 过氧乙酸溶液。过氧乙酸蒸气的产生方法是用陶瓷、搪瓷或玻璃容器加热溶液，使用环境宜在 20 ℃，相对湿度 $70\% \sim 90\%$，使用剂量为过氧乙酸 $1 \, g/m^3$，熏蒸时间 $60 \sim 90$ min。达到规定时间后，要通风排气。

6. 饮水法　在饮水中加入适量的消毒药物杀死水中的病原体，这就是饮水消毒。临床上常见的饮水消毒剂多为氯制剂、碘制剂和复合季铵盐类等。消毒药可以直接加入蓄水池或水箱中，用药量以最远端饮水器或水槽中的有效浓度达到该类消毒药的最适饮水浓度为宜。要选择高效，对鸡无毒性、无副作用，使用后动物产品中无残留的消毒药，进行弱毒活苗接种前后 2 d 禁止使用饮水消毒。

7. 发泡法　发泡消毒法是把高浓度的消毒药制成泡沫状来进行消毒，发泡法单位面积相当的供试药量比喷洒法高 4 倍，泡沫被消毒面均匀附着，能较长时间发挥作用。采用发泡消毒法，对换气扇、给料槽等形状复杂的器具、设备进行消毒时，由于泡沫能较好附着，故能得到较为一致的消毒效果。此外，泡沫能较长时间（30 min 以上）附着在被消毒物体表面上，延长了消毒药剂的作用时间，且用水量较少。发泡消毒法有较好的杀菌效果，喷洒药液时不产生飞沫，从而能防止操作者吸入药剂，对劳动环境的改善具有十分重要的意义。发泡消毒用水量少，消毒后几乎没有药液从排水沟流出，避免了对污水处理系统的影响。

8. 火焰法　火焰消毒机械产生火焰，通过高温，可杀灭环境中的各类病原。适用于空舍和耐热物品的杀菌和消毒。夏季高温时操作不宜时间过长，每人每次工作时间不要超过 30 min，以免引起高温中暑。

二、防疫

由于各养殖场、养殖户饲养的禽品种不同以及每批禽基础免疫水平不尽相同，所以防疫人员要根据本场饲养的家禽品种及其母源抗体水平（结合实验室的检测结果），确定每批家禽最佳首免时机，制订符合该场的免疫程序。以下免疫程序仅供参考（表7-8和表7-9）。

表7-8 种（蛋）鸡推荐免疫程序

日龄	疫苗	剂量	免疫方法
1	鸡马立克病液氮二价苗	0.2 mL/羽份	颈部皮下注射
7	新支二联活疫苗（La Sota＋H120）	1羽份	点眼或滴鼻
	新流二联灭活疫苗或新支流三联苗	0.3 mL/羽份	颈部皮下注射
10	重组禽流感病毒（H5＋H7）二价灭活疫苗（H5N1 Re-8株＋H7N9 H7-Re1株）	0.5 mL/羽份	颈部皮下注射
14	传染性法氏囊病活疫苗	1羽份	滴口
35	新支二联活疫苗（La Sota＋H52）	1.5羽份	点眼或滴鼻
	鸡痘活疫苗	1羽份	刺种或皮下注射
30	传染性法氏囊病活疫苗	1.5羽份	饮水
35	重组禽流感病毒（H5＋H7）二价灭活疫苗（H5N1 Re-8株＋H7N9 H7-Re1株）	0.5 mL/羽份	颈部皮下注射
42	传染性鼻炎灭活疫苗	0.3 mL/羽份	颈部皮下注射
50	传染性喉气管炎弱毒疫苗	1羽份	单侧点眼
60	新支H52	2羽份	点眼或滴鼻
	新流二联灭活疫苗或新支流三联苗	0.5 mL/羽份	肌内注射
70	传染性鼻炎灭活疫苗	0.5 mL/羽份	颈部皮下注射
80	重组禽流感病毒（H5＋H7）二价灭活疫苗（H5N1 Re-8株＋H7N9 H7-Re1株）	0.5 mL/羽份	肌内注射
90	传染性喉气管炎弱毒疫苗	1羽份	单侧点眼
100	禽脑脊髓炎灭活疫苗	0.5 mL/羽份	肌内注射
	鸡痘活疫苗	1羽份	刺种

（续）

日龄	疫 苗	剂 量	免疫方法
110	新支流三联灭活疫苗	0.5 mL/羽份	肌内注射
	新城疫Ⅰ系	2 羽份	肌内注射
120	H9 亚型禽流感	0.5 mL/羽份	肌内注射
130	重组禽流感病毒（H5＋H7）二价灭活疫苗（H5N1 Re-8 株＋H7N9 H7-Re1 株）	0.5 mL/羽份	肌内注射
以后	高致病性禽流感病毒、新城疫每间隔 3 个月免疫一次，定期监测指导免疫。		

注：开产后根据疫病流行情况适当加免禽流感灭活疫苗、新城疫和传染性支气管炎活疫苗。

表7-9 肉用北京油鸡参考免疫程序

日龄	疫 苗	剂 量	免疫方法
1	鸡马立克病液氮二价苗	0.2 mL/羽份	颈部皮下注射
7	新支二联活疫苗（La Sota＋H120）	1 羽份	点眼或滴鼻
	新流二联灭活疫苗或新支流三联苗	0.3 mL/羽份	颈部皮下注射
10	重组禽流感病毒（H5＋H7）二价灭活疫苗（H5N1 Re-8 株＋H7N9 H7-Re1 株）	0.5 mL/羽份	颈部皮下注射
14	传染性法氏囊病活疫苗	1 羽份	滴口
35	新支二联活疫苗（La Sota＋H52）	1.5 羽份	点眼或滴鼻
	鸡痘活疫苗	1 羽份	刺种或皮下注射
30	传染性法氏囊病活疫苗	1.5 羽份	饮水
35	重组禽流感病毒（H5＋H7）二价灭活疫苗（H5N1 Re-8 株＋H7N9 H7-Re1 株）	0.5 mL/羽份	颈部皮下注射
50	传染性喉气管炎弱毒疫苗	1 羽份	单侧点眼
60	新支 H52	2 羽份	点眼或滴鼻
	新流二联灭活疫苗或新支流三联苗	0.5 mL/羽份	肌内注射
70	重组禽流感病毒（H5＋H7）二价灭活疫苗（H5N1 Re-8 株＋H7N9 H7-Re1 株）	0.5 mL/羽份	肌内注射
以后	高致病性禽流感病毒、新城疫定期监测指导免疫		

第三节　常见病及防治

一、病毒性疾病

（一）禽流感

禽流感是由A型流感病毒引起的禽类急性高度接触性传染病，传播迅速，呈流行性或大流行。根据禽流感病毒致病性的不同，可以将禽流感分为高致病性禽流感、低致病性禽流感和无致病性禽流感。禽流感病毒有不同的亚型，由H5和H7亚型毒株（以H5N1和H7N7为代表）所引起的疾病称为高致病性禽流感。

1. 病原　禽流感病毒属于正黏病毒科流感病毒属。根据抗原性的不同，可分为A、B、C三型，根据血凝素和神经氨酸酶的抗原特性，将A型流感病毒分成不同的亚型。

流感病毒对热、脂溶性溶剂、酸、碘蒸气、碘溶液和乙醚敏感，紫外线、阳光和普通消毒药易杀灭病毒。

2. 流行病学　鸡、火鸡、鸭、鹅等多种禽类易感，多种野鸟也可感染发病。传染源主要为病禽（野鸟）和带毒禽（野鸟）。病毒可长期在污染的粪便、水等环境中存活。病毒传播主要通过接触感染禽（野鸟）及其分泌物和排泄物、污染的饲料、水、蛋托（箱）、垫草、种蛋、鸡胚和精液等，经呼吸道、消化道感染，也可通过气源性媒介传播。

3. 临床症状　急性发病死亡或不明原因死亡，潜伏期从几小时到数天，最长可达21d。脚鳞出血，鸡冠出血或发绀，头部和面部水肿。产蛋量突然下降，产畸形蛋增多。

4. 病理变化　消化道、呼吸道黏膜广泛充血、出血。腺胃黏液增多，可见腺胃乳头出血，腺胃和肌胃交界处黏膜可见带状出血。心冠及腹部脂肪出血，输卵管中部可见乳白色分泌物或凝块。卵泡充血、出血、萎缩、破裂，有的可见卵黄性腹膜炎。脑部出现坏死灶、血管周围淋巴细胞管套、神经胶质灶、血管增生等病变；胰和心肌组织局灶性坏死（图7-1和图7-2）。

5. 实验室诊断　包括血清学诊断和病原学诊断。

6. 防治

（1）平时做好免疫接种工作，及时使用符合当地流行毒株的疫苗进行免疫接种；加强免疫抗体的监测，并做好免疫效果评价。活疫苗的免疫效果判定：商品代肉雏鸡第二次免疫 14 d 后，进行免疫效果监测，鸡群免疫抗体转阳率不低于 50％判定为合格。灭活疫苗的免疫效果判定：家禽免疫 21 d 后进行免疫效果监测，血凝抑制试验（HI）抗体效价不低于 2^4 判定为合格，存栏禽群免疫抗体合格率不低于 70％判定为合格。

 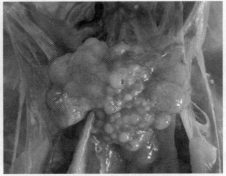

图 7-1　腺胃、肌胃、脂肪出血　　　　图 7-2　卵泡溶解

（2）对发病鸡群，及时上报当地兽医行政管理部门，采取相应的控制与扑灭措施。

（二）新城疫

新城疫（ND）是由新城疫病毒引起禽的一种急性、热性、败血性和高度接触性传染病。具有很高的发病率和病死率，是危害养禽业的一种主要传染病。

1. 病原　新城疫病毒为副黏病毒科禽腮腺炎病毒属的禽副黏病毒Ⅰ型（APMV-1）。病毒存在于病鸡的所有组织器官、体液、分泌物和排泄物中，以脑、脾、肺含毒量最高，以骨髓含毒时间最长。在低温条件下抵抗力强，在4℃可存活 1～2 年，-20℃时能存活 10 年以上，真空冻干病毒在 30℃可保存 30 d，15℃可保存 230 d。不同毒株对热的稳定性有较大的差异。该病毒对消毒剂、阳光及高温抵抗力不强，一般消毒剂的常用浓度即可很快将其杀灭，多种因素都能影响消毒剂的效果，如病毒的数量、毒株的种类、温度、湿度、阳光照射及是否存在有机物等，尤其以有机物的存在和低温的影响作用最大。

2. 流行病学　鸡、野鸡、火鸡、珍珠鸡、鹌鹑易感。其中以鸡最易感，不同年龄的鸡易感性存在差异，雏鸡和青年鸡易感性最高，两年以上的老鸡易感性较低。

病鸡是本病的主要传染源，鸡感染后临床症状出现前的24 h，其口、鼻分泌物和粪便中就有病毒排出。在流行间歇期的带毒鸡也是本病的传染源，鸟类也是重要的传播者。病毒可经消化道、呼吸道，也可经眼结膜、受伤的皮肤和泄殖腔黏膜侵入机体。

该病一年四季均可发生，但以春秋季较多。鸡场内的鸡一旦发生本病，可于4～5 d内波及全群。

3. 临床症状　病鸡精神高度沉郁、腹泻，粪便呈黄绿色或白色水样。呼吸困难，张口呼吸，倒提时嘴角流出酸臭的液体，咳嗽、流涕，并发出"咯咯"的喘鸣音或尖叫声。鸡冠和肉髯渐变暗红或暗紫色，不能站立，1～3 d后麻痹痉挛而死。非典型或慢性感染的鸡出现脚和翅瘫痪、头颈向后或扭向一侧、常伏地旋转等神经症状。在免疫禽群表现为产蛋量下降。

4. 病理变化　全身黏膜和浆膜出血，以呼吸道和消化道最为严重。胃黏膜水肿，乳头和乳头间有出血点。肠扁桃体肿大、出血、坏死。十二指肠和直肠黏膜出血，有的可见纤维素性坏死病变，尤以十二指肠升段、卵黄蒂、空肠段最为明显。脑膜充血和出血，鼻腔、喉、气管黏膜充血，偶有出血，肺可见淤血和水肿（图7-3和图7-4）。

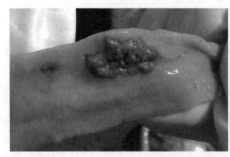

图7-3　小肠黏膜枣核样溃疡　　　　图7-4　腺胃乳头肿胀出血

5. 实验室诊断　包括血清学诊断和病原学诊断。

6. 防治

（1）加强饲养管理，定期做好消毒，防止病原侵入。

（2）坚持全进全出的生物安全制度，至少做到以圈舍为单位的全进全出制度。

（3）使用有效的疫苗，制订合理的免疫程序。

（4）加强免疫抗体的监测，利用血凝抑制试验检测到抗体效价在 2^5 以下就应补免，或在血凝抑制试验滴度离散度大时，就应用新城疫四系苗饮水免疫，配合新城疫油苗注射免疫来整齐鸡群免疫水平。

（三）传染性法氏囊病

传染性法氏囊病（IBD），是由传染性法氏囊病毒引起幼鸡的一种急性、高度接触性和免疫抑制性的禽类传染病。该病发病率高、病程短。

1. 病原 鸡传染性法氏囊病毒（IBDV）属于双 RNA 病毒科双 RNA 病毒属。IBDV 有两个血清型，Ⅰ型病毒从鸡体内分离，共有 6 个亚型，每个亚型可认为是一个病毒群，对鸡具有致病力。

病毒对乙醚、氯仿、胰蛋白酶具有抵抗力，在酸性（pH 3）、中性、弱碱性条件下稳定，但在强碱性（pH 12）条件下可失去致病力。3％煤酚皂、0.2％过氧乙酸、2％次氯酸钠、5％漂白粉、3％苯酚、0.1％升汞溶液 30 min 可使其灭活。

2. 流行病学 主要感染鸡和火鸡，鸭、珍珠鸡、鸵鸟等也可感染。在自然条件下，3～6 周龄的鸡最易感。本病在易感鸡群中发病率在 90％以上，甚至可达 100％，死亡率一般为 20％～30％。与其他病原混合感染时或超强毒株流行时，死亡率可达 60％～80％。

本病流行特点是无明显季节性、突然发病、发病率高、死亡曲线呈尖峰式，如不死亡，发病鸡多在 1 周左右康复。

本病主要经消化道、眼结膜及呼吸道感染。在感染后 3～11 d 排毒量达到高峰。由于该病毒耐酸、耐碱，对紫外线有抵抗力，在鸡舍中可存活 122 d，在受污染的饲料、饮水和粪便中 52 d 仍有感染性。

3. 临床症状 本病的潜伏期一般为 7 d，病鸡表现为昏睡、呆立、翅下垂等症状，排白色水样稀便，泄殖腔周围羽毛常被粪便污染。

4. 病理变化 感染发生死亡的鸡通常表现脱水症状，胸部、腹部和腿部肌肉常有条状、斑点状出血。死亡及病程后期的鸡肾肿大，尿酸盐沉积。法氏囊先肿胀、后萎缩，在感染后 2～3 d，法氏囊呈胶冻样水肿，体积和重量会增大至正常的 1.5～4 倍，偶尔可见整个法氏囊广泛出血，如紫色葡萄状，感染 5～7 d 后，法氏囊会逐渐萎缩，重量为正常的 1/5～1/3，颜色由淡粉红色变为蜡黄色，但法氏囊病毒变异株可在72 h内引起法氏囊的严重萎缩。感染3~5 d的法氏囊切开后，可见有大量黄色黏液或奶油样物，黏膜充血、出血，并常见有坏死灶。感染鸡的胸腺可见出血点，脾可能轻度肿大，表面有弥漫性的灰白色的病灶。法氏囊、脾、哈德氏腺和盲肠扁桃体内的淋巴组织表现变性和坏死（图7-5和图7-6）。

图7-5　法氏囊水肿，黏膜附着分泌物　　　　图7-6　腿部肌肉出血

5. 实验室诊断　包括病原分离鉴定和免疫学诊断。

6. 防治

（1）加强兽医卫生防疫措施，平时要注意对环境、禽舍、用具做好消毒工作，尤其是育雏室。

（2）提高种鸡的母源抗体水平，确保雏鸡获得整齐和高水平的母源抗体。

（3）做好雏鸡免疫接种工作。根据当地流行情况选择合适的疫苗进行免疫接种。

（四）传染性支气管炎

鸡传染性支气管炎（IB）是由传染性支气管炎病毒引起鸡的一种急性、高度接触性呼吸道传染病。

1. 病原　鸡传染性支气管炎病毒是单链RNA病毒，属于冠状病毒科冠状病毒属的成员。病毒有多个血清型，各型之间没有或仅有部分交叉免疫原性。多数血清型主要引起鸡的呼吸道症状，少数血清型则引起明显的肾病症状，不引起或者有轻微的呼吸道症状。

病毒用一般消毒剂就可将其杀死，如0.01%的高锰酸钾、70%乙醇3 min

就能将其杀死。

2. 流行病学　鸡是传染性支气管炎病毒的自然宿主，其他家禽不易感。该病在鸡群中发病急、传播快。各种年龄的鸡都可发病，但以雏鸡发病最为严重，尤以 30 日龄以内的雏鸡极易感。本病一年四季均可发生，但以冬春季节发病多见。死亡率一般在 5％～25％。

3. 临床症状　病鸡可见伸颈、张口呼吸、咳嗽、打喷嚏、气管啰音（夜间更为明显），个别病鸡流鼻涕、流眼泪。病鸡精神委顿，排白色稀便，翅下垂。产蛋鸡产蛋量下降，在恢复期产畸形蛋（波状蛋、细长蛋、曲形蛋）、粗壳蛋、薄壳蛋、软壳蛋、褪色蛋等，其蛋清和蛋黄分离，蛋清稀薄如水或混浊。

4. 病理变化　鼻、喉、气管、支气管有卡他性炎症，气管黏膜出血、水肿，严重者在气管内附着干酪样渗出物，尤以气管下 1/3 处最为明显。产蛋鸡卵巢、卵泡充血、出血，并出现软卵、破卵，有时可见卵黄坠入腹腔，输卵管发炎，严重时阻塞。肾肿大苍白，输尿管、肾小管内充满白色尿酸盐，肾呈槟榔样花斑肾（图 7-7）。

图 7-7　肾肿大，内有白色尿酸盐

5. 实验室诊断　包括免疫学诊断和病毒分离鉴定。

6. 防治

（1）严格做好动物防疫检疫等公共卫生工作。

（2）加强禽舍通风换气，使鸡群密度不要太大，并注意保持合适的禽舍温度。

（3）饲喂全价日粮，加强饲养管理，在饲料中适当添加维生素和矿物质饲料，以增强鸡的抵抗力。

（4）选择当地流行株的疫苗对雏鸡进行合理免疫接种。

二、细菌性疾病

（一）大肠杆菌病

禽大肠杆菌病是由某些致病性大肠埃希菌引起的不同类型疾病的总称。大肠埃希菌（简称大肠杆菌）是一种条件性致病菌，家禽感染发病后，主要可引起气囊炎、肝周炎、腹膜炎、心包炎、输卵管炎、关节炎、滑膜炎、全眼球炎、肉芽肿和败血症，对雏禽还可引起脐炎和卵黄感染。

1. 病原 大肠杆菌为革兰染色阴性菌，不形成芽孢、两端钝圆、能运动、中等大小，一般单独存在，不形成长链。

大肠杆菌抗原结构复杂，不同地区有不同的血清型，同一地区血清型也不同，甚至同一鸡场也有多种血清型同时存在，不同的血清型可以引起不同的症状。

大肠杆菌的抵抗力中等，对氯敏感，漂白粉对其具有很好的消毒效果。5％苯酚、3％来苏儿 5 min 就能将其杀灭，甲醛熏蒸、1％氢氧化钠等均能用于对此菌的消毒。

2. 流行病学 多种家禽对该病都有易感性，各种年龄的鸡都可感染，大多发生于雏鸡，3～6 周龄内最为易感。发病率一般为 30％～70％，死亡率为42％～80％，有时可高达 100％。

该病有两种传播方式：水平传播和垂直传播。消化道、呼吸道、脐带、破损的皮肤是水平传播的入侵门户，种蛋本身带菌和种蛋受到污染带菌是垂直传播的主要原因。

本病一年四季均可发生，但以冬春寒冷季节发病为多，气温多变的季节也是该病发生的时机。饲养环境差、通风换气不良、饲养密度大、营养缺乏是该病发生的诱因。

3. 临床症状及病理变化

（1）气囊炎 气囊增厚、混浊，上有黄白色干酪样物附着，并有原发性呼吸道病变（图 7 - 8）。

（2）肝周炎 肝肿大，表面有一层黄白色的纤维蛋白附着；肝变性，质地变硬，表面有许多大小不一的坏死点；严重者，渗出的纤维蛋白与胸壁、心、胃肠道粘连。

（3）腹膜炎 腹腔内充满淡黄色腥臭的液体或破裂的卵黄，腹腔脏器表面覆盖一层淡黄色、凝固的纤维素性渗出物。卵巢中的卵泡变形，呈灰色、褐色或酱色等不正常色泽，有的卵泡皱缩，发生广泛性腹膜炎，甚至腹腔各脏器发生广泛性粘连（图 7 - 9）。

 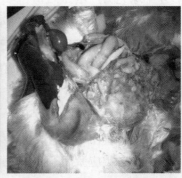

图 7-8　严重的肝周炎、气囊炎　　　　图 7-9　严重的腹膜炎

（4）心包炎　是大肠杆菌病的特征性病变，表现为心包膜增厚、混浊、粘连，心包囊由云雾状到淡黄色纤维蛋白性渗出不等。心包膜及心外膜上有纤维蛋白附着，呈白色，可见心包膜与心外膜粘连。

（5）输卵管炎　输卵管变薄、扩张，管腔内有干酪样物质堵塞。输卵管充血、增厚。

（6）关节炎和滑膜炎　多在附关节周围呈竹节状肿胀，关节液混浊，关节腔内有纤维蛋白渗出或出现脓汁，滑膜肿胀、增厚，有的有腱鞘炎。

（7）全眼球炎　是大肠杆菌感染眼和结膜而发生的，有时在个别鸡发生本病。单侧或双侧眼肿胀，眼房水和角膜混浊，并在眼房中有干酪样分泌物。

（8）肉芽肿　以心、肝、十二指肠、盲肠肠系膜上出现典型的结节状肉芽肿为特征病变。肉芽肿呈单个或多发性地发生于各种器官，有针头大、核桃大、甚至鸡蛋大，呈灰白色乃至黄白色，多位于浆膜下。

（9）败血症　特征性变化是肝呈绿色和胸肌充血，肝肿大、表面有小的白色病灶。病鸡突然死亡，皮肤、肌肉淤血，血凝不良。肠黏膜弥漫性充血、出血。心增大，心肌变薄，心包腔内充满淡黄色液体。有的脾肿胀，肾出血、水肿。

（10）出血性肠炎　肠黏膜出血、溃疡，严重时在浆膜面即可见到密集的小出血点。肌肉、皮下结缔组织、心肌及肝多有出血，甲状腺及胰肿大、出血。

（11）雏禽脐炎和卵黄感染　因脐部被大肠杆菌感染而引起。脐部呈蓝紫色，脐带孔潮湿发炎、红肿，卵黄囊壁水肿、变薄，卵黄吸收不良。

（12）脑炎　脑壳软化，额骨内骨板呈土黄色，骨质疏松，脑实质水肿、软化，左半球尤为严重。

（13）肿头病和水肿性皮炎　病鸡头部、腹部等部位的皮肤水肿，在剖检病死鸡时，触摸皮肤感到增厚，剪开肿胀皮肤皮下充有黄白色炎性渗出物。

4. 实验室诊断　包括细菌分离鉴定和血清学试验。

5. 防治

（1）控制好禽舍周围环境卫生，保持适当的通风换气，降低舍内氨气、粉尘浓度，控制好舍内温度、湿度，给禽类创造适宜的生长和生产环境。

（2）减少各类应激因素，防止用具污染，降低饲养密度。

（3）防止种蛋受到大肠杆菌的污染，做好孵化室消毒工作。

（4）对发病鸡群，采集病料做药敏试验，筛选敏感药物进行治疗。

（二）鸡白痢

鸡白痢是由鸡白痢沙门菌引起鸡和火鸡拉白色稀便、肝肺坏死的一种败血型传染病。病种鸡表现为产蛋量下降，种蛋的受精率、孵化率降低，并伴有卵巢炎。病雏鸡表现为虚弱、嗜睡、腹泻、急性死亡。

1. 病原　鸡白痢沙门菌属于肠杆菌科沙门菌属，为革兰阴性、两极钝圆的细长杆菌。鸡白痢沙门菌的抵抗力不强，多种消毒药能将其杀灭。

2. 流行病学　鸡白痢主要发生于 2～3 周龄的雏鸡，死亡率高，可高达40％～70％。如果 3 日龄内就有发病，则说明是种蛋垂直感染所致。雏鸡感染后死亡率较高，青年鸡也偶有发生，成年鸡多为散发。成年鸡多呈阴性或慢性感染，多局限于生殖系统感染，引起产蛋率和孵化率下降，甚至发生卵黄性腹膜炎。

易感动物经消化道、呼吸道等途径感染发病，种蛋的垂直传播也是本病发生和流行的重要环节。

3. 临床症状

（1）病雏鸡排白色粪便或糨糊状稀便，有时肛门被白色糊状粪便堵塞，肛门周围羽毛布满白色、石灰样粪便。

（2）病雏鸡羽毛蓬松、嗜睡、畏寒、扎堆，喜聚集于热源周围。

（3）有时病雏鸡有呼吸困难、关节肿胀、跛行和视力减退或失明等症状。

（4）青年鸡偶然发生急性败血型鸡白痢，发病鸡精神高度沉郁、食欲废绝、迅速衰竭而亡。

（5）成年鸡慢性经过，表现为消瘦、低头缩颈、翅下垂、肉髯青紫、垂腹、腹泻，病鸡逐渐消瘦衰弱，最终死亡。

（6）产蛋鸡产蛋量急剧下降，受精率、孵化率降低，死胚增多。

4. 病理变化

（1）1周龄以内的发病雏鸡脐带愈合不良或变性坏死、卵黄吸收不良。

（2）雏鸡肝肿大呈土黄色或带有绿色，有时在肝表面有针尖或针帽大小的灰白色坏死灶，胆囊充满胆汁，脾肿大易碎（图7-10和图7-11）。

图7-10 青铜肝　　图7-11 肝上布满针尖大小坏死灶，脾肿大

（3）肾小管和输尿管内充满白色尿酸盐，肾肿大苍白。

（4）肺表面出现灰白色坏死结节，有时心肌表面出现灰白色肉芽肿。

（5）盲肠内充满白色豆腐渣样栓塞，青年鸡病理变化与雏鸡相似，只是肝肿大明显、易碎，产蛋鸡发生卵黄性腹膜炎，甚至是腹腔脏器粘连。

（6）公鸡出现睾丸萎缩变小、变硬。

5. 实验室诊断　包括细菌分离鉴定、平板凝集试验和琼脂扩散试验。

6. 防治

（1）坚持自繁自养，如确需引进，对引进鸡场进行鸡白痢检测，确定为无鸡白痢鸡群后，方可引进。

（2）降低各种应激因素。饲养密度大、长途高温或低温运雏、通风不良、舍内温度过高或过低、卫生条件不良、饲养管理不善等应激因素都可诱导鸡的发病，应减少应激因素，改善饲养管理，提高育雏鸡营养水平，提高鸡的抵抗力。

（3）雏鸡、产蛋鸡、种鸡不要乱投药，应根据药敏试验的结果选择敏感药物防治鸡白痢，注意防止地区耐药菌株的出现，要定期给种鸡投药，加强鸡舍消毒，消除沙门菌的带菌污染。

（4）育成鸡的治疗要突出一个早字，一旦发现鸡群中病死鸡增多，确诊后立即全群给药，可投予氯霉素等药物，5 d 后间隔 2～3 d 再投喂 5 d，目的是使新发病例得到有效控制，制止病情的蔓延。同时加强饲养管理，消除不良因素对鸡群的影响，可大大缩短病程，最大限度减少损失。

（5）种鸡场应做好监测和鸡白痢净化工作。带菌种鸡是鸡白痢的主要传染源，消灭带菌种鸡是预防该病的关键。可用凝集试验来进行监测，方法是采待检鸡全血或血清 1 滴置于玻璃板上，再加入 2 滴有色抗原，摇匀，在室温下 2 min 内出现凝集者为阳性，发现阳性的种鸡要淘汰，建立一个无鸡白痢的种鸡场。一般首次检测可在阳性率出现最高的 60～70 日龄进行，第 2 次检测应在 16 周龄时进行，以后每隔 1 个月测 1 次，发现阳性者立即淘汰，连续 2 次做全群全血凝集试验均为阴性者可为假定健康鸡群，以后每隔半年或 1 年检测 1 次。

孵化厂要严格遵守消毒程序，采用无菌鸡群所产的种蛋进行孵化。种蛋最好在产蛋后 0.5 h 就捡蛋熏蒸消毒，防止蛋壳表面的细菌侵入种蛋内。孵化器、出雏筐等设备在每次应用之前或用完之后，需用甲醛溶液熏蒸消毒。雏鸡出壳后在绒毛干之前，也可用低浓度的甲醛溶液熏蒸消毒。育雏舍、育成舍和蛋鸡舍要做好地面以及各种设备的清洗消毒工作，定期对鸡群进行带鸡消毒。

三、寄生虫性疾病

（一）鸡球虫病

鸡球虫病是鸡常见且危害十分严重的寄生虫病，是由一种或多种球虫引起的急性流行性寄生虫病，造成的经济损失巨大，10～30 日龄的雏鸡或 35～60 日龄的青年鸡的发病率和致死率可高达 80%。

1. 病原　该病原为原虫中的艾美耳科艾美耳属的球虫。世界各国已经记载的鸡球虫种类共有 13 种之多，我国已发现 9 种。不同种的球虫，在鸡肠道内寄生部位不一样，其致病力也不相同。

2. 流行病学　各个品种的鸡均有易感性，15～50 日龄的鸡发病率和致死率都较高，成年鸡对球虫有一定的抵抗力。病鸡是主要传染源，凡被带虫鸡污染过的饲料、饮水、土壤和用具等，都有卵囊存在。鸡感染球虫的途径主要是食入了感染性卵囊，饲养者、饲养用具以及某些昆虫都可成为机械传播者。饲养管理条件不良，鸡舍潮湿、拥挤，卫生条件恶劣时，最易发病。在潮湿多雨、气温较高的梅雨季节易发生球虫病。

3. 临床症状

（1）急性球虫病　病鸡精神沉郁，食欲减退，饮欲增加，被毛粗乱；腹泻，粪便常带血；贫血，可视黏膜、鸡冠、肉髯苍白；脱水，皮肤皱缩；生产性能下降；严重的可引起死亡，死亡率可达80％，一般为20％～30％。恢复者生长缓慢。

（2）慢性球虫病　见于少量球虫感染，以及致病力不强的球虫感染（如堆型、巨型艾美耳球虫）。感染鸡腹泻，但多不带血。生产性能下降，对其他疾病易感性增强。

4. 病理变化　病鸡消瘦，鸡冠与黏膜苍白，内脏变化主要发生在肠管，病变部位和程度与球虫的种别有关。

（1）柔嫩艾美耳球虫　主要侵害盲肠，两支盲肠显著肿大，可为正常的3～5倍，肠腔中充满凝固的或新鲜的暗红色血液，盲肠上皮变厚，有严重的糜烂（图7-12）。

（2）毒害艾美耳球虫　损害小肠中段，使肠壁扩张、增厚，有严重的坏死。在裂殖体繁殖的部位有明显的淡白色斑点，黏膜上有许多小出血点，肠管中有凝固的血液或有胡萝卜色胶冻状的内容物。

图7-12　盲肠肿胀，盲肠内充满血凝块

（3）巨型艾美耳球虫　损害小肠中段，可使肠管扩张、肠壁增厚。肠内容物黏稠，呈淡灰色、淡褐色或淡红色。

（4）堆型艾美耳球虫　多在上皮表层发育，并且同一发育阶段的虫体常聚集在一起，在被损害的肠段出现大量淡白色斑点。

（5）哈氏艾美耳球虫　损害小肠前段，肠壁上出现大头针针头大小的出血点，黏膜有严重的出血。

（6）多种球虫混合感染　肠管粗大，肠黏膜上有大量的出血点，肠管中有大量带有脱落的肠上皮细胞的紫黑色血液。

5. 实验室诊断　生前用饱和盐水漂浮法或粪便涂片查到球虫卵囊，或死后取肠黏膜触片或刮取肠黏膜涂片查到裂殖体、裂殖子或配子体，均可确诊为球虫感染，但由于鸡的带虫现象极为普遍，因此，是不是由球虫引起的发病和死亡，应根据临诊症状、流行病学资料、病理剖检情况和病原检查结果进行综合判断。

6. 防治

（1）加强饲养管理　成年鸡与雏鸡分开饲养，以免带虫的成年鸡散播病原导致雏鸡暴发球虫病。保持鸡舍干燥、通风和鸡场卫生，定期清除粪便并堆积发酵以杀灭卵囊。保持饲料、饮水清洁，笼具、料槽、水槽定期消毒，一般每周一次，可用沸水或 3％～5％ 热碱水等处理。每千克日粮中添加 0.25～0.5 mg 硒可增强鸡对球虫的抵抗力，补充足够的维生素 K 和给予 3～7 倍推荐量的维生素 A 可加速鸡患球虫病后的康复。

（2）免疫预防　据报道，应用鸡胚传代致弱的虫株或早熟选育的致弱虫株给鸡免疫接种，可使鸡对球虫病产生较好的预防效果。

（3）药物防治　国内外对鸡球虫病的防治主要是依靠药物，使用的药物有化学合成药和抗生素两大类。

常用预防药物包括：①莫能霉素，预防按每千克饲料 80～125 mg 连用。②盐霉素，预防按每千克饲料 60～70 mg 连用。③地克珠利，预防按每千克饲料 1 mg 连用。④磺胺间二甲氧嘧啶，预防按每千克饲料 125～250 mg，16 周龄以下鸡可连续使用，治疗按每千克饲料 1 000～2 000 mg 或按每升水 500～600 mg 饮水，连用 5～6 d，或连用 3 d，停药 2 d，再用 3 d。

（二）鸡螨虫病

鸡螨虫病是由鸡螨虫寄生在鸡的羽毛上引起的外寄生虫病。患鸡精神不安，羽毛脱落，幼鸡常秃头，身体瘦弱，母鸡产蛋量下降。本病是鸡很常见而多发的一种体外寄生虫病。

1. 病原　鸡螨虫病的病原主要为皮刺螨科的鸡皮刺螨、疥螨科的突变膝螨与鸡膝螨、羽管螨科的双梳羽管螨（图 7-13）。

2. 流行病学　螨的生活史包括卵、幼螨、若螨和成螨 4 个阶段，鸡皮刺螨完成一个生活史所需时间随温度不同而异。在夏季最快为 1 周，在较寒冷天气要 2～3 周。

3. 临床症状　鸡的外寄生虫主要以鸡的羽毛、绒毛及表皮鳞屑为食，有的叮咬吸血。病鸡表现为皮肤发痒，寝食难安，羽毛脱落，甚至出现贫血，消瘦，生长发育停止，产蛋下降，啄羽、啄肛等症状。

图 7-13　鸡舍内柱栏上吸满血液的螨

4. 诊断　临床症状结合皮肤刮取物、羽毛镜检可确诊。

5. 防治　灭虫丁拌入饲料内喂服，一般宜在鸡的晚餐饲料中喂服，间隔 1 周再重复用药一次。同时用溴氰菊酯溶液、双甲脒溶液等在晚间喷洒鸡舍、笼具及其周围环境。

四、用药安全管理

养殖场应制订严格的兽药使用管理制度和用药规范，确保药物的安全使用。

（一）兽药使用管理制度

（1）指定专人负责兽药（含兽用生物制品）的采购、储存、使用工作，制订完善的兽药采购入库、储存管理、安全使用管理制度。

（2）应该将国家规定的食品动物禁用的兽药及其他化合物清单、兽药停药期规定等及有关兽药管理制度张贴于兽医室、兽药储存室等显要位置。

（3）采购兽药应核查供货商的兽药经营许可证、兽药生产许可证。药品需从具有合法经营资质的兽药生产、经营单位购入。

（4）设置专用兽药储存室或兽药储存柜。兽药储存室或兽药储存柜应做到防鼠、防虫、防潮，储存环境符合兽药的储存条件要求。配备冰箱专门存放兽用生物制品等具有特殊储存条件要求的兽药。

（5）建立真实完整的兽药使用记录。内容包括使用日期、鸡笼舍号、兽药名称、规格、批号、有效期、生产厂家、使用剂量、给药方式、用药效果及不良反应、使用人等。

（6）禁止在饲料和动物饮用水中添加激素类药品和国务院兽医行政管理部门规定的其他禁用药品。

（7）禁止将原料药直接添加到饲料及动物饮用水中或者直接喂给动物。经批准可以在饲料中添加的兽药应当由兽药生产企业制成药物饲料添加剂后方可添加。

（二）兽药的使用规范

（1）患病时，要经确诊后再对症下药，切忌盲目用药和滥用药物。

（2）注意药物与饲料药物添加剂之间的协同，避免重复用药。

（3）慎用药物。坚决禁止将抗生素作为饲料添加剂。

（4）实施绿色养殖生产技术，推广使用草药制剂、微生态制剂等抗生素替代物。草药对畜禽产品及环境没有污染，某些植物还具有提高免疫力、促生长等作用。同时，解决了产蛋期或休药期鸡发病不能添加抗生素等药物的难题。益生菌可竞争性地排斥病原菌，具有提高饲料转化效率、调节肠道健康、促进畜禽机体免疫功能、降低死亡率及改善环境等功效。生物活性肽可提高动物免疫力，促进动物生长。

（5）养殖应注意科学饲养，加强管理，减少畜禽发病，力争少用药物，坚持"防重于治"的原则。

第八章
养殖场建设与环境控制

第一节　养殖场选址与建设

一、养殖场选址

（一）选址原则

（1）场址应选择地势高燥、背风、向阳、水源充足、水质良好、排水方便、无污染、排废方便、供电和交通方便的地方，并符合土地利用和农业发展要求。

（2）养殖场区不允许建在饮用水源、食品厂上游，应远离河流，严禁向河流排放粪尿污水。

（3）必须考虑周围环境对污染的消纳能力，适当限制饲养规模，使粪尿产出量与农田、果园负荷保持相对均等，以减少对环境的污染。

（二）具体要求

（1）远离生活饮用水源地、动物屠宰加工场所、动物和动物产品集贸市场、城镇居民区、文化教育科研等人口集中区域，离公路、铁路等主要交通干线 500 m 以上。

（2）距离种畜禽场 1 000 m 以上。

（3）距离动物诊疗场所 200 m 以上。

（4）养殖场之间距离 500 m 以上。

（5）距离动物隔离场所、无害化处理场所 3 000 m 以上。

二、养殖场建设

在整体规划设计过程中，应满足符合生物安全、建设成本经济、使用成本经济、综合效益好等原则，兼顾实用性强、使用方便和符合生态发展要求。

（一）养殖场布局

养殖场一般分生产区、管理区、生活区、辅助区 4 个部分。

（1）生产区是畜禽养殖场的核心部分，其排列方向应面对该地区的长年风向。为了防止生产区的气味影响生活区，生产区应与生活区并列排列并处偏下风位置。生产区入口处设置消毒通道和更衣消毒室，各养殖栋舍出入口设置消毒池、消毒垫或脚踏消毒盆。孵化室与养殖区之间应当设置隔离设施，并配备种蛋熏蒸消毒设施，孵化室内的流程应当单向，不得交叉或者回流（图 8-1）。

图 8-1　生产区消毒通道

（2）管理区是办公和接待来往人员的地方，通常由办公室、接待室、陈列室和培训教室组成。其位置应尽可能靠近大门，使对外交流更加方便，也减少对生产区的直接干扰。

（3）生活区主要包括职工宿舍、食堂等生活设施。其位置可以与生产区平行，靠近管理区，但必须在生产区的上风位置。

（4）辅助区内分两个区，一区包括饲料仓库、饲料加工车间、干草库、水电房等；另一区包括兽医诊断室、隔离室、病死禽无害化处理设施等。由于饲料加工有粉尘污染，兽医诊断室、隔离室经常接触病原体，因此，辅助区必须设在生产区、管理区和生活区的下风位置，以保证整个场的安全。

（二）具体要求

（1）各功能区要分开，之间的间距大于 15 m，并用防疫隔离或围墙隔开，各栋禽舍间隔要在 3 m 以上。

（2）养殖场与外界需有专用通道，场内主干道宽 5～6 m，支干道宽 2～3 m。

场内道路分净道和污道，净道不能与污道通用或交叉，隔离区必须有单独的道路。运输禽的车辆和饲料车走净道，物品一般只进不出，出粪车和病死禽走污道。

（3）场区内道路要硬化，道路两旁设排水沟，沟底硬化、不积水，有一定坡度，排水方向从清洁区向污染区。

（4）场区周围建有围墙，围墙高度在 2.5 m 以上，底部至少 0.8 m 是实体墙砖硬化，围墙内侧建议抹平，不留缝隙，便于冲洗消毒。

（5）场区出入口处设置与门同宽、长 4 m、深 0.3 m 以上的消毒池。

（6）场区勿栽植树木以免野鸟栖息。

第二节　鸡舍的建设

一、总体原则

鸡舍结构坚固、安全、稳定，保温与隔热性能好，通风良好，确保温度、湿度和空气的清新度，易清洁消毒，符合防疫要求。

二、鸡舍设计

（一）自然放养模式棚舍的建设

棚舍的建设总体要求需要能够满足遮风、保暖、节能的基本条件，可以采用砖混结构、彩钢等建材，也可以采用木板、保温板等简单的建筑材料，棚舍的建筑需要依据地势坐北朝南，坡度不要超过 25°。在棚舍的内部根据养殖品种的不同设计并摆放相应数量的栖架，栖架的直径要在 3~4 cm，便于抓鸡，同时最下层的栖架要距离地面有一定的高度，一般不低于 50 cm，便于清除粪便。栖架层与层之间的距离一般垂直距离不低于 40 cm，水平距离不低于 30 cm，有利于鸡舍的通风，这样设计能够合理利用棚舍的空间，增加夜晚鸡的栖息密度。

（二）地面平养北京油鸡禽舍的设计

地面平养的禽舍地基要求坚实、组成一致、干燥。小型鸡舍可以直接修建在自然的地基上，最好建在沙砾土层或岩性土层上。地基比墙宽 10~15 cm，深度为 50 cm 左右，北方地区应深些，上墙应 50~70 cm，所用的材料应该比墙壁材料结实，其作用是防止降水和地下水的侵蚀。墙壁对鸡舍的保温、保湿起重要的作用，一般要求墙壁坚固耐久、抗震、防水，便于清扫和消毒，同时要求隔热性强。墙壁的隔热保温能力取决于建筑材料的性质和墙壁的厚度，墙壁的厚度一般为 25～37 cm。屋顶的形状为 A 形，屋顶由屋架及屋面两部分组成，屋架的作用是支撑屋面的重量，必须由钢筋、木材或钢筋混凝土制成。屋面是屋顶的围护部分，直接防御风雨，防止太阳辐射，不能透水，并有一定的坡度以利于排水，坡度与跨度之比为 1：（2～2.5）。屋顶材料要求保温隔热效果好，可以加设顶棚或在屋顶上种植地衣。门窗的大小，关系到采光、通风和保暖。一般来讲，北京油鸡鸡舍的门窗面积比一般蛋鸡舍的大，门窗离地面的高度为 50 cm，高 1.2～1.8 m，宽 1.8～2 m。南窗的面积大，北窗的面积小，北窗的面积为南窗面积的 2/3 左右。窗的面积为地面面积的 15％～20％。门通常设在南向鸡舍的南墙，高度一般为 2 m，宽 1.3～1.6 m。

（三）北京油鸡集约化笼养环境控制

北京油鸡集约化养殖是为了适应当前土地资源短缺的现状，参考笼养蛋鸡养殖发展而成的养殖方式，通常鸡舍采用密闭式，长 8～90 m，宽 10～20 m，每栋舍鸡容量约为 15 000 只，鸡舍的体结构为 24 砖墙挂保温，钢混地梁、圈梁、组合柱，钢屋架梁、钢檩及复合彩钢屋面板，檐高 3.3 m，脊高 1.2 m，前端墙除墙角和立柱外全部留作进风口并设水帘，后端墙留 5 个风机口（均为 1.4 m×1.4 m），两侧墙留通风小窗（均为 0.7 m×0.3 m），小窗间距为 3 m（图 8 - 2）。

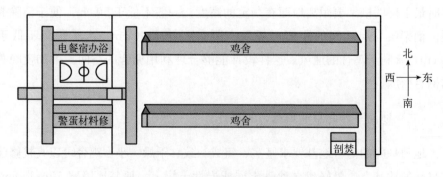

图 8 - 2　北京油鸡集约化笼养环境控制

三、鸡舍的建设

(一) 鸡舍外部结构

1. 密闭式鸡舍　适用于我国北方地区，这种鸡舍顶盖与四壁隔热良好，舍内环境通过智能环控进行调节，机械通风分为正压通风和负压通风，风机向外排风称为负压通风，风机向舍内吹风称为正压通风。负压通风的方式有好几种，选用什么方式可依鸡舍的跨度而定。跨度不超过 10 m 的鸡舍多采用穿透式负压通风；跨度在 12 m 以内及放 2~4 层的多层鸡笼鸡舍，适宜用屋顶排气式负压通风；跨度在 20 m 以内、放 5~6 组鸡笼的鸡舍适宜用侧墙排气式负压通风等。进气口的面积按 1 000 m^3/h 换气量需 0.096 m^2 的进气口面积计算，若进气口有遮光装置，则增加到 0.12 m^2。密闭式鸡舍的优点是鸡舍环境稳定，不易受大气、病虫害等不利因素的影响；生产稳定、安全；由于实行人工光照，有利于控制蛋鸡的性成熟和刺激产蛋，也便于鸡群实行诸如限制饲养、强制换羽等措施。其缺点是建筑标准和附属设备要求较高，投资较大；鸡群因受不到阳光的照射，接触不到土壤，对饲料的全价性要求较高。

2. 半开方式鸡舍　是一种介于开放性鸡舍和封闭式鸡舍之间的鸡舍，它是一种利用自然条件和人工条件有机结合的饲养模式，这种鸡舍的结构是在开放式的基础上增加了供温、通风、降温、光照等设备而建造的一种鸡舍。当自然条件如光照、温度等适合鸡群的生长时，和开放式鸡舍一样，利用自然条件就能满足鸡群的生长和生产。当自然条件不适合鸡群的生产和生长时，如温度偏低时，就可启动供温设备，为鸡群提供适宜的温度而进行生产；当温度过高时，就可启动降温设备、通风设备对鸡舍进行降温和通风，使之提供对鸡群生产适宜的环境；当外环境无风时，就可启动通风设备进行通风。总之这种鸡舍的特点是，外界环境适宜时，就用外部自然条件，外界环境不适宜时，就启动鸡舍内的设备营造适宜的条件。这种鸡舍造价适中，节省能源，饲养效果好于开放式鸡舍，能利用鸡舍设备抵御不良环境对鸡群的影响。

(二) 鸡舍内部结构

1. 笼养鸡舍　常用于种鸡及商品代蛋鸡的育雏、育成和产蛋阶段，鸡饲养在舍内离开地面的重叠笼或阶梯笼内。笼可用金属、塑料或竹木制成，规格可根据鸡品种和饲养期不同进行选择。走道是饲养员进行操作的通道，其宽窄的确定要考虑到饲养人员行走和操作方便，走道的位置可视鸡舍的跨度而定，笼养鸡舍无论鸡舍跨度多大，均可视鸡笼的排列方式而定，鸡笼之间的走道宽0.8~1 m。这种饲养方式的优点是提高了单位面积的饲养数量和房屋利用率；饲养的鸡发育整齐，减少了疾病传播，提高了成活率。其缺点是增加了投资成本，设备复杂，对建筑材料、施工工艺要求高。

2. 平地饲养鸡舍 这类鸡舍是目前最常见的形式，多用于商品代肉鸡饲养。鸡被直接放养在有垫料的鸡舍地面上。鸡舍地面上铺的垫料，可以是谷草等干净、吸水性良好的物品，一般厚为3~5 cm，并视垫料潮湿程度经常进行更换。这类鸡舍的优点是投资较少，设备简单。其缺点是由于鸡直接接触粪便等排泄物，感染疾病的机会较多，鸡舍空间利用率低（图8-3）。

图8-3 半开放式平地饲养

3. 离地平养鸡舍 这类鸡舍多用于种鸡及商品代蛋鸡的育雏、育成期。鸡饲养在鸡舍内离地面一定高度的平网上，平网可用金属、塑料或竹木制成，平网离地高度一般50~60 cm，网眼根据鸡体大小确定。其优点是节省垫料，鸡不与地面粪便接触，可减少疾病传播。其缺点是投资较大，对建筑材料、施工工艺要求相对较高。

第三节 设施设备

一、不同养殖模式的设施设备

（一）自然放养模式的设施设备

1. 产蛋箱 母鸡喜欢在隐蔽、干燥、舒适、安静的地方产蛋，这样鸡产蛋时有安全感，避免其他的鸡或动物打扰，防止因潮湿破坏蛋壳表层的保护膜，使细菌等微生物进入鸡蛋内形成臭蛋。因此，需要结合蛋鸡的产蛋习性，设计产蛋箱。根据鸡的需求，研究和设计合适的产蛋窝，产蛋窝应保证通风良好、无贼风，产蛋窝需要一定的遮挡，以减少人的活动对蛋鸡产蛋造成的影响，在产蛋窝背面设计取蛋窗，以便于取蛋，产蛋窝的大小以能装下一只产蛋鸡且其能在窝内掉头为宜。产蛋窝的数量需要和养殖的规模相匹配，鸡产蛋的时间在上午 9~11 时，根据经验，产蛋箱的数量为以 10 只鸡配备 1 个产蛋箱较为适宜。产蛋初期需要对蛋鸡进行相应的产蛋驯化，将前 5~7 d 所产的蛋全部放入产蛋箱，吸引母鸡进窝产蛋。每小时都要在鸡舍内来回走动，驱使母鸡远离墙边或各个角落，在整个生产周期都应及时捡起窝外蛋。最后一次集蛋之后应将产蛋箱内所有的母鸡移出并关闭产蛋窝，防止母鸡在内栖息而导致粪便污染产蛋箱。熄灯后将所有产蛋窝都打开，以便第二天母鸡进入产蛋。

2. 饮水和补料设备　根据养殖规模设计适合的饮水槽或饮水器以及料槽。基本的原则是饮水槽的大小不宜过大，储存的水以一天用完为宜，保持水槽的干净，避免水中微生物的过量繁殖。料槽的设计要注意最好高度可以调节，料槽高度以料槽边缘高度与鸡背高相同或高出鸡背 2~4 cm 为宜，鸡应占有的槽位的长度为 1~2 周龄为 5 cm，3~6 周龄为 8 cm，6 周龄以后为 10 cm。

3. 补光和诱虫的设备　照明系统和补光系统的作用是刺激鸡的性腺发育、维持正常排卵、采食、饮水及交流等各种活动。鸡的排卵时间一般在产蛋后 2 h 内，但是为了能够把鸡蛋产在白天，天黑前 2 h 鸡就不排卵了，因此为了确保自然放养模式下的产蛋鸡能够高产，应给予与集约化笼养类似的光照程序和光照度。因此鸡舍应根据散养舍建筑面积的大小和成鸡的光照度需求配置照明系统，设置一定量的灯泡。灯泡一般安装在蛋鸡夜晚休息的场所，面积 16 m² 的鸡舍空间使用一个 40 kW·h 的灯泡可以满足需要。

4. 防鸟网和围网　为防止鸟类传播疫病，应在放养场地的上方和外周安置防鸟网和围网，围网高度应不低于 1.8 m，材料尽量选用铁丝网。

(二) 地面平养模式的设施设备

1. 饲喂设备　包括料塔、料箱、传送管道、计量装置以及饲养面上的料线。料线包括布料管道、除杂器、下料器、料盘以及升降装置和防止鸡站在上面的防护罩等。饲料从布料管道通过下料器布料于料盘中，全料线的料盘几乎同时见料。这样的料线可以使鸡群均匀分布于鸡舍饲养床面各个部分，不至由于鸡在听到布料信号后就拥挤到首先见到的料盘或料槽周围，导致抢食、争斗、践踏甚至死亡的情况发生。

2. 饮水系统　包括给水管线、饮水线，及控制水压和水质稳定、过滤水、消毒水的装置等。饮水线为饮水系统的末端，主要为管道和饮水器以及提升装置。饮水器也是多种多样的，有罩式自供饮水器、杯式饮水器、乳头式饮水器、自流饮水槽等，这4种饮水器与供水管直接相通，还有靠人工注入的饮水器，如静压钟罩式饮水器、吊式离地水盘、水槽等。饮水系统最重要的是防止漏水，保持饮水末端——饮水器附近干燥，否则会由于粪便发酵而产生恶臭，使舍内空气状况欠佳。

3. 清粪设备　地面平养一般为一次性清粪，即饲养一定时期清一次粪，由于间隔时间较长，要求鸡舍配备较强的通风设备，以控制鸡舍内有害气体的浓度，常用拖拉机前悬接式清粪。

（三）集约化养殖模式的设施设备

饲养设备配套采用3层或4层阶梯笼，每栋纵向3列排。它配套采用机械喂料、机械清粪（清粪带式）、自动饮水、智能环控（通风）、钟控照明等设备。

二、场内防疫设施建设

（一）总体原则

严格执行国家和地方政府制定的动物防疫法及有关畜禽防疫卫生条例，按照养禽场生物安全控制技术要求，保障防疫工作的严格实施。

（二）场区设施

（1）养殖场入口处配置消毒设备，并具备流动消毒设施设备，便于场区整体消毒。

（2）建有相对独立的引入动物隔离舍和患病动物隔离舍。

（3）兽医室是规模禽场必备的主要设施之一，一般建在鸡舍的下风口处，毗邻病禽隔离室，配备疫苗冷冻（冷藏）设备、消毒和诊疗等防疫设备。为场内的兽医提供办公的地方，方便兽医对鸡群的检查和病鸡的治疗。

（4）养殖场应当根据养殖规模和污染防治需要，建设相应的畜禽粪便、污水与雨水分流设施，畜禽粪便、污水的储存设施，粪污厌氧消化和堆沤、有机肥加工、制取沼气、沼渣沼液分离和输送、污水处理、畜禽尸体处理等综合利用和无害化处理设施。

（5）设置养殖场档案专柜，并由专人管理，档案管理人员要及时记录、收集、汇总并对档案记录结果负责。档案包括免疫记录、用药记录、消毒记录、无害化处理记录等。

（三）鸡舍设施

（1）鸡舍建筑应该具有相对的密闭性，防止飞鸟、野兽和鼠进入鸡舍传播疾病。定期进行杀灭舍内外的昆虫、老鼠等工作，尽可能减少和杀灭鸡舍周围病原及疾病传播媒介。

（2）鸡舍地面和基础最好采用混凝土结构，防止啮齿动物打洞，也利于清洗和消毒。

（3）鸡舍周围 15 m 范围内的地面都要进行平整和清理，以便能迅速方便地铲割杂草，以减少一些传播疾病的昆虫、鼠类等的滋生。鸡舍之间不宜栽种树木，禁止出现绿植隔离带，全部硬化处理。

（4）鸡舍具备有效的控温和通风设施，舍内饲养密度、湿度适宜。应确保提供所需的温度、湿度、通风、采光、气候环境条件，以免产生应激而导致疾病发生。

第四节　环境控制

养殖场环境控制主要包括两方面：一是控制养殖场环境免受外界的影响和污染，二是防止养殖场对自身及周边环境造成不良影响和污染。

养殖场对环境的污染主要是养殖过程中产生的粪污大量的无序排放和处理利用不当造成的。运用开源节流思想，一方面尽量减少养殖粪污的排出（产生）量，另一方面对养殖粪污进行无害化处理利用。

（一）降低或减少养殖污物排出量的措施

降低或减少养殖污物排出量主要是采用有效的营养措施，在不影响动物机体和养殖效益的前提下，一方面通过添加高效添加剂或饲喂消化利用率高的原料，合理降低饲料中营养物质含量，通过减少营养物质的排泄量，来减少养殖污物的排出量；另一方面通过添加促进消化吸收的添加剂，提高动物对饲料中营养物质的消化利用率（沉积率），来减少养殖污物的排出量。降低或减少养殖污物排出量是解决养殖污染的根本出路。

（二）鸡粪的合理处理和利用措施

本着"减量化、无害化、资源化"的原则，对粪便进行合理处理和利用，是将鸡粪变废为宝和减轻养殖场对环境污染的重要措施。

鸡的消化道短、吸收能力差，饲料中70％左右的营养物质未被消化吸收，粪便中含有大量的有机物、矿物元素、腐殖物质及其他营养物质，经无害化处理杀灭其中的病原微生物、寄生虫及其卵等后，施入农田可改善土壤的团粒结构，提高土壤的保水、保肥能力；用以饲喂畜禽可节约饲料，降低养殖开支，提高养殖效益。总之，对养殖污物进行合理处理和利用，使其化害为利，对促进农牧结合、维持生态平衡、实现物质良性循环和可持续发展有着重要而深远的意义。

第九章
废弃物处理与资源化利用

废弃物通常是指养殖过程中产生的包括粪尿、冲洗水、饲料残渣等各类物质。由于北京油鸡养殖过程中饲料损耗很小，且鸡舍很少冲水，再加之鸡未消化食物残渣、粪便以及尿液均通过泄殖腔排出，因此，北京油鸡废弃物只考虑泄殖腔排出的粪污。

鸡产粪的量虽然不大，但由于养殖期长，积累的粪便总量非常可观，每只北京油鸡每天产鸡粪（鲜粪）约 100 g，年产鲜粪 36 kg，折合干粪 9 kg，当前正在由农家粪肥就近施用的方式扩展到再加工转化为燃料、肥料、饲料产品的方式而进行多渠道、多层次的再利用。

第一节　基本原则

一、养殖相关环保

当前畜禽养殖污染已经成为农业污染的重要来源，解决粪污综合利用问题迫在眉睫。近年来农业主管部门持续推进标准化规模养殖，畜牧业发展成效显著，规模化水平、设施化装备水平和生产水平明显提高。但与此同时，畜禽养殖带来的环境污染问题也越来越突出，成为影响畜牧业持续发展的重要制约因素。

为了贯彻落实中央关于生态文明建设的总体部署，树立畜牧业绿色发展理念，全面推进畜禽粪便综合利用和病死畜禽无害化处理，促进畜牧业生产和生态保护协调发展，畜禽废弃物处理与资源化利用已成为养殖产业的热点、难点。

二、粪污资源化利用相关政策

国务院办公厅印发《国务院办公厅关于加快推进畜禽养殖废弃物资源化利

用的意见》，农业部印发《畜禽粪污资源化利用行动方案（2017—2020 年）》，系统构建资源化利用制度体系和政策框架。

国家财政支持政策方面，中央财政通过以奖代补的方式安排一次性补助，支持市场主体建设畜禽粪污集中处理设施和规模养殖场实现全量化有效处理。中央财政补助资金根据一定因素切块下达到省（市、自治区），省级财政、畜牧部门可根据本地实际，结合试点畜禽粪污资源化利用具体情况，自主确定补助标准、补助方式和补助对象。鼓励发挥中央财政补助资金的引领作用，通过政府与社会资本合作、政府购买服务、贷款贴息等方式，撬动金融和社会资本投入畜禽粪便资源化利用领域。

补助资金重点用于规模养殖场改进节水养殖工艺和设备，建设畜禽粪污收集、储存、处理设施，建设田间储存池、铺设液态有机肥输送管网，建设畜禽粪污集中处理和资源化利用设施等。不得用于支持后续运营补助。

三、粪污资源化利用相关技术标准与规范

目前，关于畜禽粪污污染防治以及资源化的标准规范有 50 余项，既包括了粪便和污水处理技术标准，也包括了有机肥、沼气生产规范，同时还有排放与污染评价标准等。在此基础上，国家畜禽养殖废弃物资源化处理科技创新联盟从养殖环节源头减排、粪污肥料化利用和能源化利用等方面，提炼可复制、可推广的技术模式，开展畜禽粪污资源化技术示范推广，推进畜禽养殖废弃物资源化处理进程。总结提炼出了 4 种畜禽粪污资源化模式，一是集中处理，二是种养结合（肥料化利用），三是清洁利用（能源化、多元化利用），四是达标排放。

国务院办公厅印发《畜禽粪污土地承载力测算技术指南》，从畜禽粪污养分供给和土壤粪肥需求角度出发，提出了养殖存栏、作物产量、土地面积的换算方法，是畜禽粪污作为肥料还田的指导性规范，也是促进种养一体化的重要技术支撑。

第二节　北京油鸡粪污的形成及特点

由于鸡的消化道较短，鸡采食的饲料在其消化道内停留时间非常短，饲料的利用率有限（30% 左右），因此，鸡粪中含有大量未被利用的营养物质和消

化吸收过程中的代谢产物，如粗蛋白、粗脂肪、必需氨基酸、矿物质，以及维生素等，这部分物质具有很高的利用价值。同时，鸡粪也是多种病原菌和寄生虫虫卵的重要宿主和载体，科学合理地处理和利用鸡粪，不仅可以变废为宝，带来较高的经济效益，而且还可以促进生态循环，具有重要的生态效益与社会价值。

鸡粪中未被消化的蛋白质中氨基酸组成比较丰富，几乎包括了所有必需氨基酸，必需氨基酸含量比玉米等谷物类饲料高出 1.5 倍。同时鸡粪中还含有脂肪酸、粗纤维，以及钙、磷、铜、铁、锌、硒等元素，另外，鸡粪中还含有 B 族维生素，所以，对鸡粪进行适当的加工后，可成为优质的资源进行再利用。但未经处理的鸡粪施用于农田，其中的尿酸对植物根系有害，而且其中含有的有害微生物和寄生虫会污染土壤，进而影响农产品的质量安全。因此，必须对鸡粪进行无害化处理，消除其不利影响，才能转化为有用的资源。

一、粪污的形成

鸡采食饲料后，摄入的水分、蛋白质、脂肪、矿物质及维生素等营养物质在消化道内经过物理、化学、生物等一系列消化反应后，小分子物质经上皮细胞吸收而进入血液或淋巴液，进而被动物细胞吸收利用。

由于饲料中营养物质并不能全部被鸡消化和吸收利用，特别是禽类由于口腔中没有牙齿，且肠道较短，酶和微生物发酵消化能力不足，所以鸡对饲料中养分的消化吸收差，未被吸收的食物残渣以及机体代谢产物通过泄殖腔排出。

二、粪污的特点

粪污由于源自体内营养物质代谢，经过了一系列生物化学反应，产生过程较为复杂，因此，粪污具有如下的特点。

1. 含水量高　鸡的粪尿一起排出，粪污中含水量较高，通常可达 75% 以上，再加上冲洗用水混入粪便，因此实际含水量可能更高。

2. 有机物多　粪污中的有机物主要指含氮化合物，一类是未消化的饲料蛋白，即外源性氮；一类是机体代谢氮，即内源性氮。按照成分特征可分为蛋白氮和非蛋白氮，蛋白氮包括多种菌体蛋白、消化道脱落的上皮细胞、消化酶及存在于饲料残渣中的未消化蛋白，非蛋白氮包括游离氨基酸，尿液中的尿素、尿酸等物质，它们是蛋白质和核酸在体内代谢产生的中间产物或终产物。

3. 矿物质多　鸡粪中的矿物质来源有两类，一类为日粮中未被动物吸收的外源性矿物质，另一类是由机体代谢经消化道等分泌的内源性矿物质。由于不同种类矿物质在饲料中含量不同，且消化吸收率也有所差异，因此粪便中矿物质类型和含量差异较大。鸡粪中无机矿物质主要有磷、钾、钠、钙、镁、铜、锌，此外还有硫酸盐及复合矿物质。

4. 微生物多　鸡粪中常见的病原微生物有丹毒杆菌、李氏杆菌、结核杆菌、白色链球菌、梭菌、棒状杆菌、金黄色葡萄球菌、沙门菌、烟曲霉、新城疫病毒等。此外，鸡呼吸道和消化道中的寄生虫虫卵或幼虫也可能出现在粪便中。

三、粪污量的影响因素

鸡粪污的量与粪便、尿液的量以及冲洗用水的量有关，因此，所有影响粪便、尿液和冲水量的因素都对鸡粪污产生量有重要影响。综合而言，受日龄、个体差异、饲料、环境的影响最为明显。北京油鸡在育雏、育成和产蛋阶段产生粪污的量有较大差异，且随着日龄增加呈上升趋势。由于油鸡体型较大，采食量较普通蛋鸡多，因此粪污量也较多，而饲料的种类、成分、调制方式等也影响粪污的产生量，环境（特别是温度）对鸡粪污量的影响主要是通过饮水和采食调节的。

第三节　北京油鸡粪污处理的模式

2013 年 10 月，国务院常务会议通过了《畜禽规模养殖污染防治条例》，自 2014 年 1 月 1 日起施行。该条例是国内首部针对畜禽养殖污染防治方面的法规，对养殖场粪污处理提出了明确要求，其核心是要求养殖场对粪污进行无害化处理，并鼓励采取种植和养殖相结合的方式利用畜禽养殖废弃物，促进畜禽粪便、污水等废弃物就地、就近利用。

北京油鸡养殖产生的大量鸡粪是一种污染源，但同时又是一种待利用的宝贵资源。油鸡粪养分含量高，除含有氮、磷、钾以外，还含有丰富的有机质，以及农作物生长所需的微量元素，是目前畜禽粪便中生产有机肥的最好原料之一。许多国家纷纷大力发展有机农业、生态农业，强调尽可能少用或不用化肥、农药、植物激素等，大力提倡使用有机肥。鸡粪经过好氧发酵处理后，生产出的有机肥可增强土壤通气、保水和保温性能，肥效更持久，同时可促进土壤中微生物的生长和繁殖，活化土壤养分，提高土壤供肥能力等。长期施用有机肥，可延长土壤的适耕期，改善和提高农产品品质，保持作物原有的营养、风味。

一、常用的清粪技术

（一）机械清粪

机械清粪是利用专门的机械设备替代人工，清理出鸡舍地面的固体粪便，机械设备直接将收集的固体粪便传送到鸡舍外，或直接运输到粪便储存池，地面残留的少许粪便用少量水冲洗，污水一并排入粪便储存池。机械清粪具有节省劳动力、对鸡群应激小、鸡舍内积粪少等优点，可有效分离鸡舍净端和污端，以及养殖场区的净道和污道。目前常见的清粪方式有刮板清粪和传送带清粪。

1. 刮板清粪　刮板清粪是机械清粪的一种，在笼养鸡场被广泛使用。刮板清粪主要分为链式刮板清粪和往复式刮板清粪两种，通过电力带动刮板沿着纵向粪沟将粪便刮到横向粪沟，然后集中被运到舍外。

刮板清粪的优点在于可以全天清粪，时刻保持鸡舍内清洁，操作简单，安全性强，噪声较低，运行成本低。不过，刮板清粪容易出现链条和钢丝断裂的情况。

2. 传送带清粪　传送带清粪主要用于叠层鸡舍，目前被成功应用于现代大型笼养鸡舍的粪便收集。传送带式清粪系统由电机、减速装置、链传动、承粪带等组成，该系统为间歇性运行，通常每天运行1次。优点在于传送效率高、使用便捷，缺点为对能源依赖性强、设备维护要求高。

（二）半机械清粪

肉用型北京油鸡通常为网上饲养，人工清粪效率低，又没有专用的清粪设备，部分鸡场采用改装而成的铲车清粪，推粪部分利用废旧轮胎制成刮粪斗，利用电机的动力将粪便由粪区通道运送到舍外粪便储存区。此方式优点是设备灵活机动、结构简单，缺点为噪声较大，机器体积大。

（三）人工清粪

人工清粪即通过人工清理出鸡舍地面的粪便，只需要用一些简单的清扫工具、推粪车等设备即可完成。鸡舍内大部分固体粪便经人工清理后，通过手推车将其运送到储粪设施中暂时存放，地面残留粪尿用少许水冲洗，污水通过粪沟排入舍外储粪池。此方式优点为不用电力，投资小，可做到固液分离，缺点是效率低下。因此，该清粪方式主要用于家庭养殖和小规模网上养殖鸡场。

二、粪污利用的技术

北京油鸡粪污中富含大量农作物生长所需的有机质，因此，不应将鸡粪当作废弃物，而应该将其进行加工处理后作为肥料、能源等资源进行再利用，做到变废为宝、变害为利。

鸡粪施用前必须经过充分的发酵，鸡粪发酵（沤制）有一个升温过程，温度最高可以达到 70 ℃，经过此过程，存在于鸡粪中的寄生虫及其卵，以及一些传染性病菌等都会被杀灭。由于鸡粪在发酵的过程中产生高温，容易造成氮素损失，因此，在发酵前要适量加水，加 5％的过磷酸钙效果会更好。一般夏季 3～5 d，冬季 7～10 d 即可发酵成功。但由于粪便类物质成分复杂，杂菌及可能的病原体比较多，为了确保产物效果稳定，建议延长发酵时间，特别是气温低的冬季、初春等季节。

（一）初级加工

由于新鲜粪便含水量较高，易于挥发造成大气污染，且不便运输，因此，对鸡粪进行初级处理非常重要。常见的处理方式为干湿分离，即将鸡粪进行干燥化处理，通过脱水干燥处理，使鸡粪的水分含量低于 15％。常用的脱水干燥方法有高温快速干燥法、自然干燥法、机械干燥法等。

高温快速干燥法采用以回转圆筒烘干炉为代表的高温快速干燥设备，可在短时间（约 10 min）内将湿鸡粪的水分降低到低于 13％。这种干燥装置主要包括发生器、燃烧室、干燥筒、旋风分离器、自动控制器等，鸡粪在加热干燥过程中还可彻底杀灭病原体，消除臭味，而鸡粪营养损失低于 6％。

自然干燥法适于广大农户采用。在鸡粪中均匀掺入米糠或麦麸（20％～30％），在阳光下曝晒，干燥后过筛除去杂质，装入袋内或堆放于干燥处备用，作饲料使用时可按比例添加。

机械干燥法是利用烘干设备进行干燥，多以电源加热，温度在 70 ℃时

12 h，140 ℃时 1 h，180 ℃时 30 min 即可完成干燥。

通过干燥熟化处理的鸡粪可作为果树、蔬菜的优质粪肥，既改善了养殖场环境，又调节了土壤有机质，对于小型养鸡场且配套土地充足的农户，是一种简单、经济、可行的方法。

（二）有机肥生产

1. 技术概述　由于鸡的消化道短，消化能力差，吃进去的饲料有 70％的营养物质未被吸收而排出体外，因此，鸡粪含有丰富的养分，与其他动物粪便相比养分含量更高，是一种优质的有机肥料。

发酵生产有机肥是一种有效的鸡场废弃物无害化、资源化处理技术，有利于种植业与养殖业间的物质循环，而且可以根据养殖场规模，因地制宜地采用不同发酵方式，实现禽场粪污的无害化处理，避免环境污染。

健康养殖与环境控制功能研究室选用具有广谱降解能力的枯草芽孢杆菌、地衣芽孢杆菌、高温芽孢杆菌和具有除臭功能的乳酸菌等有益微生物，采用液体高密度发酵技术结合固态发酵技术，研发出了一种复合微生物菌剂。实验室和现场试验示范的结果表明，该菌剂能使鸡粪等原料在生产有机肥过程中快速升温，有助于大肠菌群等有害微生物的灭活，加快原料中抗生素的降解和原料的发酵。

2. 技术要点

（1）鸡粪由于碳氮比较低，需要在发酵前加入碳氮比较高的辅料（蘑菇渣、作物秸秆等），堆肥原料的碳氮比最适为（25～35）∶1。

（2）调节堆肥原料的含水率至 55％左右，含水率高于 60％或低于 40％都会影响发酵进程。

（3）微生物菌剂的加入量一般为 0.2％～0.5％。

（4）堆肥过程中，利用铲车或翻抛机混合物料并充氧。

（5）堆肥温度达到 50～65 ℃后，至少需要 5 d 才能达到无害化。过低的温度将大大延长堆肥发酵的时间，而过高的温度（超过 70 ℃）将对堆肥微生物产生有害的影响。

（6）发酵有机肥应满足我国有机肥行业标准（NY 525—2011）的要求。

3. 技术方法　利用鸡粪发酵生产有机肥可采用条垛式堆肥和槽式堆肥两种方式。条垛式堆肥（图 9 - 1）通常为露天生产，投资小，但受环境变化的影响较大。槽式堆肥（图9-2）在封闭的发酵槽中进行，生产效率高，但投资较大。

图9-1 条垛式堆肥

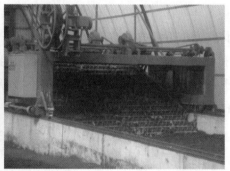

图9-2 槽式堆肥

无论采用哪种方式进行有机肥生产，均需遵循如下工艺流程。

（1）原料的前处理 前处理主要是调节含水率和碳氮比。鸡粪原料中通常加入粉碎后的蘑菇渣或秸秆（粒径1.2～6 cm）作为辅料，并加入微生物菌剂，使碳氮比达到（25～35）：1。含水率应控制在50%～55%，当含水率较高时，通常采用晾晒的方法降低含水率；但含水率较低时，可使用液体菌剂加水稀释，均匀喷洒在原料上。

（2）主发酵（一次发酵） 主发酵可在露天（条垛式堆肥）或发酵槽内（槽式堆肥）进行。这一阶段的主要技术措施是向物料供给氧气，可采用翻堆或强制通风的方式充氧。图9-3所示为槽式堆肥中的强制通风管道。当温度等条件适宜时，通常 1～2 d 堆体温度即达到 55 ℃，此时需要每天翻堆，混合物料的同时达到充氧的目的，防止温度升到 70 ℃以上。通常将从温度升高到开始降低的阶段称为主发酵，主发酵周期为 7～12 d，这一阶段主要是原料中易分解物质的降解，同时产生大量生物热，原料的含水率降低。

图 9-3　槽式堆肥中的强制通风管道

（3）后发酵（二次发酵）　后发酵是将主发酵中尚未分解的部分易降解有机物和难降解有机物进一步分解转化，得到完全成熟的有机肥制品，经后发酵微生物活性下降，发热量减少，温度下降，腐殖质不断增多且趋于稳定，此时堆肥进入腐熟阶段。后发酵时间通常在 20～30 d，后发酵完成后得到的成品有机肥可通过造粒机进行造粒，得到颗粒有机肥。

第四节　具体案例

一、种养一体化模式

北京百年栗园生态农业有限公司是一家致力于有机绿色规模化、生态化种养殖，生态农业观光的大型生态农业公司，宗旨是"有机农业、循环经济、生态富民、可持续发展"，公司拥有占地约 4 km² 山地的生态种养基地，年出栏北京油鸡 200 余万只，经过多年封闭饲养，创造出了无污染的生态环境，为有机养殖、有机种植提供了得天独厚的自然条件。公司严格按照土地承载力测算结果，在养殖基地配建有机农场、果蔬园，既保护生态，又高效利用了养殖废弃物，同时还可以生产有机蔬菜。该基地利用种养一体化的生态循环技术，生产"零污染、零添加"的北京油鸡系列产品，同时养殖所产粪污用来种植有机水果和蔬菜（图 9-4）。

洼里乡居楼生态园是集养殖、观光、休闲和采摘垂钓为一体的立体养殖生态园区，建立了"养殖基地→产生农家肥→供应种植基地→生产有机蔬菜和水果→供应农家餐饮"的循环农业。利用太阳能热水供生活使用，餐厨垃圾和养

图9-4　北京油鸡生态养殖

殖粪便制作沼气，沼气产生的废料供应果树、庄稼生长，种植的水果、杂粮供餐饮消费，如此形成封闭的循环链条。

二、有机肥生产

养殖规模较大的场可建堆肥场，既可处理掉粪污，又可生产有机肥。堆肥场应选在鸡场的下风向，要求地势较高，四周建排水沟，采用水泥硬化地面，面积 $100 m^2$ 左右。此外，还应建粪便堆放场和成品储存场，有条件的应在堆肥场上建遮雨棚，并配备翻抛机或铲车。当鸡粪含水率较高时，可采用固液分离机进行固液分离（图9-5），固液分离后的固体用于有机肥生产，液体部分可通过氧化池进行处理（同时处理鸡场污水）。以蘑菇渣或秸秆（粉碎成 2 cm 大小）作为调理剂，每吨鸡粪中可加

图9-5　鸡场粪污的固液分离

入 0.5～1 t 调理剂，2～3 kg 菌剂。采用条垛式堆肥，堆宽 1.5～2 m，高 1·m 左右，长度不限。当环境条件合适时（温度 15 ℃以上），一般 2 d 后堆体内部温度即达到 50 ℃以上，开始翻堆，超过 65 ℃再次翻堆。要求堆体内温度超过 55 ℃的天数不少于 5 d。通常经 10 d 左右，温度逐渐下降并低于 50 ℃后，停止主发酵，转入后发酵程序。后发酵可采用自然通风的方式，经 1 个月后形成成品有机肥（图9-6和图9-7）。

图 9-6 有机肥生产现场

图 9-7 有机肥生产设备

北京密云诚凯成养殖合作社配有鸡粪处理设备，通过使用尿素芽孢杆菌高温堆肥菌剂，利用好氧发酵技术来发酵鸡粪。该方式可以促进 38 ℃低温条件下鸡粪好氧发酵的快速启动，提高发酵温度，缩短生产周期。该合作社的粪污处理场建筑面积超过 2 000 m²，具有年处理养殖粪便及种植废弃物 1 万 t 的能力。通过与首都高校和科研院所的合作，将高效益生菌应用在粪污治理过程中，目前年生产高品质有机肥 4 000 t，大大减少了油鸡粪污对周边环境的污染，并达到原位处理粪便的目的。

三、简易堆肥技术

对于小型养殖农户而言，粪污处理量有限，规模化、机械化堆肥模式由于投入较高，并不适用于所有油鸡养殖的粪污处理。

简易堆肥，只是将原料进行长时间的堆置，很少进行通风和管理，是一种以厌氧发酵为主，结合好氧发酵过程的堆肥方式。该堆肥方式与好氧堆肥相似，但堆内不设通风系统，温度低，腐熟时间长，但堆肥简便、省工。一般堆肥封堆后一个月左右翻堆一次，以利于微生物活动，使堆料完全腐熟。

该堆肥方式的优点在于有机废弃物处理量大，适用于分散处理，人工干预少，投资小，工艺简单；缺点为发酵周期长，有机质转化率低，存在二次污染的风险，占地面积大，受外界影响较大。

简易堆肥使用的主要设备为铁锹、平板车、薄膜和小型翻堆机等。菌剂为HM 系列菌种腐熟剂、VT-1000 堆肥接种剂、速腐宝微生物腐熟剂、RW 酵素剂及一些专用功能性菌剂。

第十章
开发利用与品牌建设

第一节　产品特性

北京油鸡作为我国优良畜禽品种，以外貌独特、品质鲜美等特点而闻名于世，是一个优良的肉蛋兼用型和观赏型地方鸡种。外貌方面不仅具有羽黄、喙黄、胫黄的"三黄"特征，而且还有罕见的凤头、胡须、毛腿的"三毛"特征和"五趾"等特征；品质方面由于其品种优良、生长周期长，鸡体对营养物质和风味物质的转化率和沉积率较高，因而肉质细嫩、营养丰富、风味浓郁，北京油鸡蛋黄紧致、蛋清黏稠、营养均衡（图10-1）。

图 10-1　北京油鸡：国宴用鸡

北京油鸡于 2001 年被列为国家级畜禽品种资源重点保护品种，2003 年则被北京市特需农产品委员会列入特需农产品，此外，2005 年被北京市政府认定为北京市优质特色农产品。

在农业产业结构调整和农业供给侧结构性改革的大背景下，进一步加快培育优质农产品、优良农业产业和优秀生态产业势在必行。北京油鸡作为我国特色畜禽品种，产品品质是品种保护和推广的保障，目前已基本形成了养殖、屠宰、加工、销售为核心的产业集群，鉴于其独特的品貌和优良的品质，北京油鸡可作为特色品种资源的典型，围绕品质特色和品种内涵，打造"高产、优质、高效、生态、安全"的现代农业产业。

影响北京油鸡产品品质的因素涉及品种、饲养、环境、加工及储存等环节，相关科研机构和推广部门针对不同品系、不同养殖区域和不同养殖模式的北京油鸡外观和产品品质进行了监测，根据北京油鸡养殖区域划定范围，选取不同品系、不同养殖模式下北京油鸡，分别检测其外观、肉品质和蛋品质，也得到了北京油鸡特色品质相关量化数据。

一、北京油鸡产品品质概况

北京油鸡外貌独特，皮肤微黄，胴体皮紧而有弹性，光滑滋润，毛孔细小，胸部两侧有条形脂肪，肌间脂肪较为丰富，肉味鲜美，鸡香浓郁。

北京油鸡鲜味和香味物质含量高于普通肉鸡，其中，肌苷酸含量可达 2.3 mg/g，比普通快大型白羽肉鸡高 20％以上，且母鸡中含量高于公鸡；肌内脂肪含量可达 1.3％以上，北京油鸡游离氨基酸种类有 20 余种，其中以谷氨酸、精氨酸和丙氨酸为主，14 周龄的鸡游离氨基酸总量可达 6.4 mg/g，且随着日龄增加而增加。北京油鸡肉中共含 16 种以上脂肪酸，其中以必需脂肪酸含量最高，而且，北京油鸡鸡蛋和鸡肉中多不饱和脂肪酸的比例较普通白羽肉鸡比例高。

（一）独特的外观

北京油鸡体躯中等大小，羽色分为黄色和赤褐色两种，大多为黄色，除羽色外，喙和胫也为黄色。成年公鸡羽毛色泽鲜亮，冠叶较大，通常偏向一侧，母鸡则呈 S 状曲线，头顶皮肤突出，生冠羽，颔下生髯羽，胫部附生胫羽。综上所述，北京油鸡主要外貌特征为"三黄""三毛"，此外，北京油鸡外趾附生一趾，成五趾，俗称"五爪"。

北京油鸡冠型为单冠，冠、肉髯、睑、耳叶均呈红色，眼较大，虹彩多呈棕褐色。有的北京油鸡冠羽大而蓬松，因此视线常被遮住。初生雏全身披着淡黄色或土黄色绒羽，体圆。成年鸡的羽毛厚密而蓬松，公鸡的羽毛色泽鲜艳光亮，头部高昂，尾羽多呈黑色。母鸡的头、尾微翘，胫部略短，体态敦实，其尾羽与主、副翼羽中常夹有黑色或以羽轴为中界的半黑半黄的羽片。

北京油鸡成年鸡大都为黄羽，对北京油鸡总体评价为体型优美、外貌特征明显。和同类地方鸡种相比，生长速度适中、适应性强、适合多种饲养方式。

根据近几年对北京油鸡外貌特征监测情况分析，北京油鸡羽色纯正，大都为浅黄色；冠羽、胫羽和髯羽比例很高（达到94％以上），特征较明显，符合北京油鸡"凤头""毛腿""胡子嘴"的外貌特征。北京油鸡保种群多趾个体占比较大，大都为双五趾，且随着保种工作的深入和规范化，五趾率在逐渐提高，表明北京油鸡很好地保持了其原有的独特外貌特征（表10-1）。

表10-1　北京油鸡商品代主要外貌特征

性别	冠羽率（%）	髯羽率（%）	胫羽率（%）	S冠型率（%）	五趾率（%）
公	99.6	96.5	99.8	100	85.6
母	99.1	94.3	99.5	100	83.0
平均	99.4	95.4	99.7	100	84.3

（二）鲜嫩的肌肉品质

中国地方鸡种以肉质鲜美著称，是国内生产优质鸡肉的主要品种，北京油鸡同样如此，具有肉质鲜美和鸡味浓郁的特点。由于其品种优异，生长环境良好，生长周期适中，因此北京油鸡具有较其他快大型白羽肉鸡和肉杂鸡更优异的肌肉品质。

肉质细嫩是北京油鸡肌肉品质最重要的特征之一。北京油鸡与常见的肉杂鸡、普通快大型肉鸡及淘汰蛋鸡的差异主要表现为：①北京油鸡肌肉剪切力小于快大型肉鸡和肉杂鸡，说明其肌肉更柔软，嫩度更好；②北京油鸡蒸煮损失显著低于AA肉鸡，反映了北京油鸡鸡肉在烹调加工时其肌肉内水分不易流失，表明其肉质受高温影响较小，可以较好保持鲜嫩；③北京油鸡肌肉韧性高于快大型肉鸡，而绵软度显著小于快大型肉鸡，表明北京油鸡肉质韧性更佳，其耐嚼性好于快大型肉鸡（表 10-2）。

表 10-2　不同品种鸡的肌肉品质

品　种	剪切力（N）	水分含量（%）	蒸煮损失（%）
北京油鸡	52.3	73.6	23.9
京星黄鸡 102	53.7	73.3	24.5
罗曼褐蛋鸡	50.3	73.4	24.4
艾维茵肉鸡	62.0	73.7	24.9

嫩度作为评价鸡肉品质的重要指标，通常由剪切力、韧性、绵软度等指标来衡量，不过这些指标在各个层次上同样都与纤维结构密切相关。独特而优良的肉质特性来源于肌肉的特性以及组织学特点，首先，其肉质细致；同时，其肉质紧实，肉质均匀。北京油鸡的肌纤维束直径小于白来航鸡和商品肉鸡的纤维束直径，因此，肌肉纹理细致。北京油鸡的纤维直径小于商品肉鸡的纤维直径，肌纤维总数和纤维束总数多于白来航鸡，少于商品肉鸡，说明了北京油鸡的肌肉组织紧致。此外，北京油鸡肌内膜厚度小于普通商品肉鸡，这就从组织学水平证明了北京油鸡肌肉更加紧致细嫩（表 10-3）。

表 10-3　不同品种鸡的肌纤维性状比较

品　种	纤维束直径（μm）	纤维直径（μm）	肌纤维总数（×10⁵）	纤维束总数（×10³）	肌内膜厚度（μm）
白来航鸡	464.42±2.44	29.82±0.10	6.26±0.14	6.28±0.06	7.83±0.04
北京油鸡	411.75±1.59	31.42±0.08	7.00±0.04	7.79±0.06	8.92±0.04
商品肉鸡	605.14±2.61	45.03±0.13	9.34±0.05	9.05±0.06	12.23±0.04

（三）优良的鸡蛋品质

鸡蛋的品质通常包括外在品质（如蛋重、蛋形、蛋壳颜色等）和内在品质（如新鲜度、营养成分含量、风味等）两个方面。北京油鸡作为肉蛋兼用型品种，加之蛋用配套系的成功培育与推广，作为评价鸡种优良与否的指标鸡蛋品质同样重要。

北京油鸡所产的商品蛋大小适中（平均蛋重 50～56 g），蛋形规则（卵圆

形），蛋壳多数为浅粉色，部分为褐色，蛋清浓稠，口味纯正，蛋黄比率高
（30%左右），着色良好，无鱼腥味，品质明显优于普通鸡蛋。平均哈氏单位可
达 81.88，根据蛋品质分级标准，其鸡蛋品质属于 AA 级。此外，由于鸡蛋哈
氏单位会随着储存时间的延长而降低，影响其新鲜度，而北京油鸡鸡蛋哈氏单
位高于普通鸡蛋，因此，北京油鸡鸡蛋更耐储存，货架期更长（表 10-4）。

表 10-4　三个品种鸡的蛋品质

测定指标	北京油鸡	矮脚油鸡	白来航蛋鸡
蛋重（g）	51.78±3.70	50.67±2.95	54.56±2.42
蛋形指数	1.26±0.04	1.32±0.04	1.26±0.16
蛋黄颜色	9.10±0.51	10.80±1.19	6.50±2.11
蛋黄比率（%）	30.86±3.58	28.51±1.74	26.24±1.81
蛋白比率（%）	49.06±5.06	49.19±4.90	55.18±3.61
蛋壳比率（%）	11.09±1.24	12.66±0.99	11.76±0.78
蛋黄蛋白比	0.63±0.13	0.58±0.06	0.48±0.06
蛋壳厚度（mm）	0.36±0.02	0.37±0.03	0.37±0.03
蛋壳强度（kg/cm^2）	4.14±0.73	4.25±0.89	3.47±0.61
蛋白高度（mm）	6.34±1.15	7.59±0.92	5.75±0.68
哈氏单位	81.88±7.34	89.76±4.58	76.75±7.54
卵磷脂含量（%）	9.06±0.28	8.71±0.43	8.69±0.27

鸡蛋的营养物质主要存在于蛋黄中，而北京油鸡鸡蛋蛋黄比率高。在营
养成分方面，北京油鸡鸡蛋在干物质、粗脂肪、卵磷脂、不饱和脂肪酸、必
需氨基酸等含量上表现突出，蛋黄干物质含量超过 50%，卵磷脂含量比罗
曼粉壳蛋鸡所产鸡蛋的卵磷脂高 18.31%，虽然胆固醇含量也较高，但由于
卵磷脂可将胆固醇乳化，因此不影响北京油鸡鸡蛋营养价值。此外，北京油
鸡鸡蛋的饱和脂肪酸含量和白来航鸡、海兰鸡的蛋相当，但不饱和脂肪酸
含量更高，在氨基酸含量方面，北京油鸡鸡蛋同样表现突出，总氨基酸和
必需氨基酸含量均较其余品种（白来航鸡和海兰鸡）的鸡蛋高（表 10-5
和表 10-6）。

表 10-5　不同鸡种 43 周龄所产蛋蛋黄营养化学指标相对量

指　标	罗曼粉壳蛋鸡（%）	北京油鸡（%）	差率（%）
干物质	49.08±0.74	50.23±0.66	2.35
粗脂肪	26.30±0.83	27.30±1.03	3.80
粗蛋白	16.02±0.42	15.81±0.61	−1.32
胆固醇	0.35±0.04	0.38±0.06	8.32
卵磷脂	4.12±0.50	4.88±0.80	18.31

表 10-6　不同鸡种 42 周龄所产蛋每百克蛋黄中脂肪酸和氨基酸的含量

指　标	北京油鸡（g）	白来航鸡（g）	海兰褐（g）
饱和脂肪酸	12.34±0.37	13.47±0.27	12.15±0.19
单不饱和脂肪酸	13.19±0.10	12.42±0.28	12.66±0.19
多不饱和脂肪酸	7.44±0.51	7.23±0.27	7.28±0.10
总氨基酸	15.68±0.65	14.86±0.10	14.88±0.20
必需氨基酸	6.50±0.14	6.21±0.06	6.05±0.03

（四）均衡的营养物质

鸡肉营养成分丰富且均衡，具有"一高三低"的基本特点，即高蛋白、低热量、低脂肪、低胆固醇，北京油鸡除了具有普通鸡共有的营养特性外，由于其品种特性优良，加之饲养周期较长，在微量营养元素及功能性营养成分含量方面也表现较为突出。

干物质含量是衡量鸡肉营养价值最基本的指标，鸡肉中干物质占比越高，营养价值就越大，北京油鸡干物质含量在 26.4% 左右。蛋白质是鸡肉最主要的营养物质，在鸡肉（胸肌和腿肌）的干物质中，除了含有少量的脂肪及矿物质等以外，绝大部分成分都是蛋白质，北京油鸡胸肌（鲜样）肉中粗蛋白含量约为 24.67%（表 10-7 和表 10-8）。

表 10-7　不同品种鸡肉部分营养成分比较（胸肌鲜样）

品　　种	干物质（%）	粗蛋白（%）	肌内脂肪（%）
北京油鸡（14 周龄）	26.4	24.67	1.09
京星黄鸡 102（9 周龄）	26.7	—	0.90
罗曼褐蛋鸡（14 周龄）	26.6	—	0.72
艾维茵肉鸡（7 周龄）	26.2	24.58	1.02

表 10 - 8　不同品种鸡胸肉中粗脂肪和粗蛋白含量

品　种	粗蛋白（%）	粗脂肪（%）
北京油鸡	22.77±0.004	0.51±0.000 1
AA 肉鸡	22.93±0.006	0.33±0.001
芦花鸡	20.96±0.002	0.28±0.000 4

构成蛋白质的基本单位是氨基酸，因此氨基酸组分和含量是衡量鸡肉营养价值的重要指标，鸡肉中的氨基酸分为必需氨基酸和非必需氨基酸两部分。北京油鸡良种配合生态健康养殖，其肌肉中营养成分更为丰富，氨基酸种类更为全面、结构更为合理、含量更为丰富、总氨基酸的含量均很高（表 10 - 9）。

表 10 - 9　不同鸡种鸡肉总氨基酸含量（胸肌干样，mg/g）

氨基酸	北京油鸡（14 周龄）			艾维茵肉鸡（7 周龄）		
	公	母	平均	公	母	平均
天冬氨酸	76.99	67.63	72.31	68.54	75.62	72.08
谷氨酸	162.92	146.26	154.59	144.76	155.86	150.31
丝氨酸	41.37	39.15	40.26	40.77	40.85	40.81
甘氨酸	42.00	42.39	42.20	43.03	40.29	41.66
组氨酸	74.50	76.70	75.60	71.33	74.01	72.67
精氨酸	65.09	63.75	64.42	65.40	70.95	68.18
苏氨酸	42.32	44.42	43.37	46.00	41.60	43.80
丙氨酸	61.25	58.96	60.11	60.64	60.34	60.49
脯氨酸	45.84	47.10	46.47	44.29	41.24	42.77
酪氨酸	33.76	27.56	30.66	48.36	32.24	40.30
缬氨酸	44.34	45.68	45.01	44.54	45.41	44.98
蛋氨酸	13.84	12.04	12.94	18.06	15.05	16.56
半胱氨酸	19.25	22.76	21.01	24.50	19.50	22.00
异亮氨酸	47.27	46.52	46.90	46.12	46.58	46.35
亮氨酸	80.56	77.38	78.97	75.79	77.60	76.69
苯丙氨酸	38.24	38.54	38.39	38.14	37.53	37.84
赖氨酸	88.04	87.06	87.55	86.20	86.48	86.34
总氨基酸	977.58	943.90	960.74	966.47	961.15	963.81

此外，脂肪酸作为脂肪的主要组成部分，其种类与含量决定了鸡肉营养价值的高低，特别是不饱和脂肪酸。不饱和脂肪酸对人体多种生理功能具有调节作用，可有效减少冠状动脉栓塞、血管硬化、脑中风、高血压等心脑血管疾病的发生，对人体因免疫力降低而引发的糖尿病、皮肤病具有很好的预防作用（表 10-10）。

表 10-10　胸肌中部分脂肪酸含量（鲜样）

项　　目	北京油鸡（14 周龄）	艾维茵肉鸡（7 周龄）
肉豆蔻酸（mg/g）	0.15	0.06
肉豆蔻脑酸（mg/g）	0.04	0.11
软脂酸（mg/g）	2.51	2.78
棕榈油酸（mg/g）	0.46	0.3
硬脂酸（mg/g）	0.66	0.65
油酸（mg/g）	2.78	2.13
亚油酸（mg/g）	1.58	2.03
亚麻酸（mg/g）	0.05	0.19
二十碳二烯酸（mg/g）	0.01	0.02
脂肪酸合计（mg/g）	8.24	8.27
必需脂肪酸合计（mg/g）	1.63	2.22
必需脂肪酸含量（%）	19.8	26.8
不饱和脂肪酸合计（mg/g）	4.92	4.78
不饱和脂肪酸含量（%）	59.7	57.8

测定结果表明，北京油鸡和艾维茵肉鸡肌肉中脂肪酸含量相差不大，且不饱和脂肪酸的含量均超过一半，有利于人体健康。但北京油鸡不饱和脂肪酸的含量和占比均高于艾维茵肉鸡。

（五）丰富的风味物质

北京油鸡机体沉积有大量的营养物质和风味物质，肉质细腻，风味独特，在只加盐清炖的情况下，也香气四溢，汤味鲜美，北京油鸡炖出的鸡汤具有其特有的香味。

北京油鸡的风味物质由非挥发性物质和挥发性物质组成。非挥发性风味物质是指滋味化合物，主要包括无机盐、氨基酸、肌内脂肪以及肌苷酸，具有滋味或触觉的非挥发性水溶性物质，该类物质可产生咸、甜、苦、酸、鲜、香的味觉。肉中的咸味产生于氯化钠和一些其他无机盐以及谷氨酸单钠盐、天门冬氨酸单钠盐等；甜味则是由糖和一些氨基酸引起的，如游离甘氨酸和丙氨酸等；苦味通常来源于苦味氨基酸和肽类；酸味由乳酸、无机酸和酸性磷酸盐等引起；鲜味一般由肉中的肌苷酸和谷氨酸等氨基酸产生；香味主要产生于肌内脂肪和多肽类物质。挥发性风味物质是指气味化合物，一类是简单化合物如烃、醇、醛、酮、酸、酯等，另一类是含氧、硫、氮原子的杂环化合物如呋喃、噻吩及其衍生物等。

肌内脂肪是指肌肉结缔组织膜内、肌纤维胞质中的脂滴，可显著影响肌肉的柔软性和多汁性，同时也是产生风味化合物的前体物质，当肌束和肌纤维间沉积足够量的脂肪时，肉质地鲜嫩、风味浓郁。此外，肌内脂肪含量越高，烹饪过程中因热氧化而产生的香味越醇厚，适口性也越好。北京油鸡鸡肉中肌内脂肪占比大约为 1.09%，高于其他肉杂鸡和快大型肉鸡。

游离氨基酸和呈味核苷酸是对肉类及其制品的鲜味贡献最大的两类物质。核苷酸中鲜味最强的是肌苷酸，肌苷酸主要存在于肌肉中，其中胸肌含量高于腿肌，肌苷酸是动物体内能量代谢的一个中间产物，由三磷酸腺苷、二磷酸腺苷、一磷酸腺苷在酶作用下转化而成，并可进一步分解生成肌苷和次黄嘌呤，肌苷无味，次黄嘌呤则为苦味核苷酸。游离氨基酸是指还未形成蛋白质，处于游离状态的氨基酸，它对肌肉的风味具有重要影响。不同种类的游离氨基酸具有不同的味道，谷氨酸钠、天门冬氨酸呈现味精味；精氨酸和组氨酸具有苦味；苏氨酸、丙氨酸、甘氨酸、丝氨酸、赖氨酸具有甜味。丝氨酸、苏氨酸与还原糖加热发生美拉德反应后，产生大量的挥发性风味物质。

比对不同品种鸡的非挥发性风味物质含量，结果表明北京油鸡鲜味物质肌苷酸含量高于普通 AA 肉鸡，苦味物质次黄嘌呤含量低于 AA 肉鸡和芦花鸡。此外，北京油鸡肌肉中鲜味氨基酸含量显著高于 AA 肉鸡和芦花鸡（表 10-11 和表 10-12）。

表 10-11 北京油鸡风味物质含量（14周龄）

指 标	公 鸡		母 鸡	
	胸肌	腿肌	胸肌	腿肌
肌内脂肪（%）	1.09±0.08	1.14±0.09	1.06±0.06	1.13±0.08
肌苷酸（mg/g）	2.06±0.13	1.06±0.15	2.38±0.01	1.00±0.12
肌苷（mg/g）	0.95±0.09	0.72±0.01	1.45±0.01	1.08±0.13
L-谷氨酸（mg/L）	3.22±0.18	1.93±0.22	3.64±0.09	2.80±0.15
游离氨基酸（mg/g）	119.71±4.67	104.62±4.44	122.50±4.72	103.98±3.87

表 10-12 不同品种每百克鸡胸肉中非挥发性风味物质含量（mg）

非挥发性风味物质	北京油鸡	AA 肉鸡	芦花鸡
三磷酸腺苷	5.34±0.17	12.52±1.70	8.72±0.60
二磷酸腺苷	13.69±1.60	12.70±1.68	15.60±2.15
鸟苷酸	5.13±1.21	3.46±1.35	6.15±0.37
肌苷酸	459.77±24.98	230.47±32.40	456.17±1.82
次黄嘌呤	9.17±0.22	63.46±4.47	11.70±1.48
单磷酸腺苷	11.69±1.54	11.00±1.24	13.58±1.84
肌苷	62.27±3.15	147.26±9.74	52.60±9.79
甜味氨基酸	19.50±0.04	30.44±0.92	150.89±1.50
苦味氨基酸	11.16±0.04	12.06±0.64	110.13±0.35
鲜味氨基酸	89.05±4.59	65.79±3.28	76.76±0.76

随着检测技术的进步和各类检测仪器的问世，对肌肉中风味化合物的鉴别得以实现，现已鉴定的熟肉中与风味密切相关的物质有400余种，根据中国肉类食品研究中心的检测结果，在北京油鸡中共鉴定出风味物质105种，其中包括醛类8种、酮类2种、醇类8种、烃类71种、酯类9种、酸类3种、其他杂环类4种，醛和含硫杂环化合物是北京油鸡的主要香味成分。

二、北京油鸡品质影响因素

北京油鸡的品质除了与自身遗传因素以及生产方式有关以外，因其营养丰富、水分活性高、不饱和脂肪酸含量高而容易发生品质改变，这主要是产品内部物质发生化学变化（蛋白质水解、脂质氧化、美拉德反应等）以及微生物增殖造成的。因此，影响北京油鸡产品固有品质特征的各类遗传因素、生产方

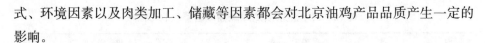
式、环境因素以及肉类加工、储藏等因素都会对北京油鸡产品品质产生一定的影响。

（一）养殖过程因素

1. 品种（品系） 育种方向和选育目标决定了品种类型，北京油鸡也同样如此，随着生活水平的提高，人们对产品的品质，尤其是对风味和营养的要求越来越高，在市场因素和社会因素双重影响下，北京油鸡不同配套系和特色品系应运而生。

京星黄鸡 103 和栗园油鸡蛋鸡配套系是通过国家新品种审定的油鸡配套系。配套系共同的特点是节粮、生产性能稳定、成活率高、蛋肉品质优良。其中京星黄鸡 103 以其增肉速度快、肉质鲜美为主要特点，而栗园油鸡蛋鸡则以产蛋率高、蛋品优良著称。此外，还有一些优质特色品系也正在选育之中，如富集高肌苷酸含量的北京油鸡品系、多趾品系等。

2. 性别 胸肌中肌苷酸、肌苷和 L-谷氨酸的含量均显著高于腿肌，其中，肌苷酸含量差异极显著，无论胸肌还是腿肌，北京油鸡母鸡中的肌苷酸、肌苷以及 L-谷氨酸等鲜味和香味物质含量均高于公鸡，表明母鸡风味更好。

3. 饲养日龄 饲养日龄是影响北京油鸡鸡肉品质和风味最重要的因素之一，其中对嫩度和风味的影响最为明显。对嫩度的影响主要是不同日龄下肌肉水分、肌纤维和结缔组织的状态和含量不同造成的，对风味的影响主要是由不同饲养日龄下北京油鸡沉积脂肪酸的种类和数量差异引起。研究结果表明，随着饲养时间延长，肌肉中水分含量降低，胶原蛋白含量降低且变硬，肌原纤维变粗，因此导致其嫩度下降。此外，日龄对鸡肉中各种脂肪酸的含量有显著影响，其中饱和脂肪酸含量随着日龄的增加而降低，不饱和脂肪酸及醛类物质含量随着日龄的增加而升高，主要鲜味氨基酸随着日龄的增加而显著降低（表 10 - 13）。

表 10 - 13 北京油鸡不同产蛋阶段所产蛋的营养化学指标（鲜蛋）

指　　标	16～25 周龄	26～42 周龄	43～70 周龄	平　　均
干物质（%）	22.540	23.100	24.450	23.360
粗脂肪（%）	7.920	9.140	9.900	8.990
粗蛋白（%）	10.860	11.210	11.470	11.180
游离氨基酸（%）	0.115	0.137	0.174	0.142

（续）

指 标	16～25周龄	26～42周龄	43～70周龄	平 均
卵磷脂（%）	1.860	2.170	2.730	2.250
胆固醇（%）	0.369	0.373	0.361	0.368
双苷肽（mg/g）	0.310	0.160	0.270	0.250
氧化型谷胱甘肽（mg/g）	0.143	0.031	0.040	0.071
亚麻酸（mg/g）	0.031	0.017	0.012	0.020
亚油酸（mg/g）	0.029	0.027	0.019	0.025
油酸（%）	0.308	0.256	0.246	0.270

4. 饲养方式　北京油鸡作为肉蛋（蛋肉）兼用型鸡种，性情温驯，适应性强，适宜多种饲养方式，目前的养殖方式主要为山坡、林地放养和以笼养、平养为主的集约化养殖。

不同饲养方式主要是通过改变北京油鸡的运动量而对其肉蛋品质产生影响的，运动量大的鸡，其肌肉在运动中可以得到更多能量，血液循环加快又导致肌肉更加发达，同时脂肪消耗后沉积于肌内和肌间的比例增大，而且脂肪酸的组成和比例更加均衡合理，因此营养和风味更好。

放养模式下北京油鸡肌肉中肌苷酸和L-谷氨酸含量高于集约化饲养的北京油鸡，肌苷酸含量差异不显著，L-谷氨酸含量差异显著（表10-14）。不同养殖模式下北京油鸡鸡蛋营养物质（总氨基酸和总脂肪酸）含量无显著差异（表10-15和表10-16）。以上结果表明北京油鸡在不同养殖模式下鸡肉中的风味物质和营养物质含量存在一定差异，尤其是香味物质、鲜味物质和不饱和脂肪酸在放养模式下含量更高。

表10-14　不同养殖模式下北京油鸡鸡肉中风味物质含量

养殖模式	肌苷酸（mg/g）		肌苷（mg/g）		L-谷氨酸（mg/L）	
	胸肌	腿肌	胸肌	腿肌	胸肌	腿肌
笼养	2.13±0.17	1.03±0.29	1.30±0.05	1.32±0.15	2.76±0.20	1.92±0.08
放养	2.24±0.01	0.99±0.01	0.73±0.03	0.78±0.01	3.11±0.18	3.15±0.22

表 10 - 15   不同养殖模式下北京油鸡每百克鸡蛋中营养物质含量

氨基酸	叠层笼养	阶梯式笼养	地面平养	半舍饲	林地放养
苏氨酸（g）	0.600	0.538	0.538	0.615	0.615
缬氨酸（g）	0.585	0.538	0.513	0.778	0.620
蛋氨酸（g）	0.338	0.265	0.245	0.350	0.350
异亮氨酸（g）	0.483	0.425	0.388	0.700	0.520
亮氨酸（g）	0.883	0.805	0.750	1.173	0.890
苯丙氨酸（g）	0.548	0.490	0.433	0.878	0.608
赖氨酸（g）	0.905	0.828	0.830	0.953	0.933
色氨酸（g）	1.988	1.410	2.128	1.545	1.683
精氨酸（g）	0.762 5	0.68	0.697 5	0.767 5	0.827 5
甘氨酸（g）	0.405	0.362 5	0.365	0.407 5	0.41
酪氨酸（g）	0.417 5	0.387 5	0.397 5	0.547 5	0.422 5
组氨酸（g）	0.265	0.24	0.235	0.277 5	0.27
丝氨酸（g）	0.9	0.765	0.732 5	0.942 5	0.927 5
谷氨酸（g）	1.357 5	1.197 5	1.162 5	1.537 5	1.457 5
脯氨酸（g）	0.502 5	0.442 5	0.412 5	0.515	0.587 5
天门冬氨酸（g）	1.14	1.007 5	1.027 5	1.225	1.21
丙氨酸（g）	0.59	0.56	0.537 5	0.705	0.662 5
胱氨酸（g）	0.445	0.342 5	0.362 5	0.375	0.392 5
总必需氨基酸（g）	6.33±0.40	5.30±0.24	5.82±0.47	6.99±1.11	6.22±0.21
总半必需氨基酸（g）	1.85±0.08	1.67±0.07	1.70±0.14	2.00±0.02	1.93±0.19
总非必需氨基酸（g）	4.94±0.25	4.32±0.40	4.24±0.48	5.30±0.30	5.24±0.35
鲜味氨基酸（g）	3.49±0.22	3.13±0.29	3.09±0.38	3.88±0.17	3.74±0.18
总氨基酸（g）	13.12±0.62	11.28±0.70	11.75±1.04	14.29±1.37	13.3±0.61
胆固醇（g）	0.35±0.01	0.22±0.01	0.39±0.01	0.25±0.01	0.38±0.01
卵磷脂（mg/g）	7.80±0.04	8.08±0.02	7.99±0.01	8.11±0.01	8.04±0.02

表 10 - 16   不同养殖模式下北京油鸡每百克鸡蛋中脂肪酸含量（g）

脂肪酸	叠层笼养	阶梯式笼养	地面平养	半舍饲	林地放养
豆蔻酸	0.028 3	0.023 7	0.086 6	0.103 275	0.043 6
豆蔻油酸	0.006 6	0.005	0.005 3	0.007 93	0.006 4

脂肪酸	叠层笼养	阶梯式笼养	地面平养	半舍饲	林地放养
十五碳酸	0.005 4	0.004 3	0.004 9	0.006 645	0.005 3
棕榈酸	1.967 5	1.652 5	1.607 5	2.125	1.867 5
棕榈油酸	0.301	0.231 3	0.182	0.327 25	0.415 8
十七碳酸	0.022 2	0.018 2	0.085 4	0.027 275	0.022 6
顺-10-十七碳一烯酸	0.014 2	0.011 7	0.010 4	0.014 425	0.012 9
硬脂酸	0.62	0.530 8	0.639	0.648	0.605 8
油酸	3.05	2.645	2.152 5	2.72	2.56
亚油酸	1.000 3	0.782 3	1.022 5	1.29	1.087 5
γ-亚麻酸	0.009 8	0.007 6	0.009 8	0.014 45	0.009 6
顺-11-二十碳一烯酸	0.024 3	0.018 5	0.015 4	0.024 825	0.018 5
α-亚麻酸	0.024	0.019	0.024	0.038 225	0.039 1
二十一碳酸	0.002 5	—	—	0.006 035	—
顺，顺-11，14-二十碳二烯酸	0.011 1	0.007 8	0.013 6	0.018 05	0.011 6
二高-γ-亚麻酸	0.015	0.011 3	0.017 8	0.024 675	0.014 7
花生四烯酸	0.188	0.166 5	0.175 3	0.193 5	0.172 3
顺-15-二十四碳一烯酸	0.004 8	—	—	0.004 75	—
DHA	0.051 6	0.049 3	0.184 1	0.051 125	0.069 2
总脂肪酸	7.34±0.31	6.18±0.01	6.24±0.15	7.64±0.82	6.96±0.12
饱和脂肪酸	2.66±0.14	2.24±0.01	2.43±0.17	2.93±0.25	2.56±0.11
单不饱和脂肪酸	3.38±0.15	2.90±0.05	2.36±0.07	3.08±0.40	3.00±0.04
多不饱和脂肪酸	1.30±0.02	1.04±0.04	1.45±0.26	1.63±0.20	1.40±0.01
n-6	1.19±0.02	0.95±0.04	1.20±0.01	1.48±0.17	1.26±0.01
n-3	0.10±0.01	0.09±0.01	0.24±0.06	0.13±0.03	0.13±0.01

（二）流通过程因素

在鸡肉和鸡蛋的储藏、加工和流通过程中存在多种因素影响肉蛋外部品质、内部品质和功能性成分含量，使鸡肉出现发暗、发干、黏手等现象，鸡蛋出现蛋白稀薄、蛋白 pH 升高、蛋黄膜松弛、营养成分含量下降等现象。在北京油鸡产品储藏、加工和流通过程中存在多种影响其品质的因素，包括出场状态、温度、湿度、保鲜技术等。

北京油鸡和其他肉类产品类似，不同加工储藏方式对其产品品质影响较大，特别是在不同温度、不同储藏时间下的肌肉品质相差很大，可能是由于挥发性风味物质的存在，以及其他化学物质的转化引起的。通过对经不同处理方式后北京油鸡肌肉品质指标的测定结果综合分析，表明高温对其肌肉品质影响很大，特别是对于北京油鸡这样的地方鸡，由于其本身风味物质含量较为丰富，且在体内分布均匀，极易造成氧化甚至变质。因此，北京油鸡以冷藏储藏为佳，且不适合油炸、爆炒等加工方式。

储藏条件对北京油鸡肌肉鲜味有较大影响，主要体现在储藏温度和时间不适宜可造成肌肉内核苷酸代谢产物及游离氨基酸含量变化，温度越高、时间越长，肌苷酸含量越低，其中，4 ℃储藏 7 d 后其肌苷酸含量明显低于鲜肉和冷冻肉，而 15 种游离氨基酸随储藏时间延长（7 d 之内）含量都不同程度提高，且腿肌中的鲜味氨基酸和甜味氨基酸含量都显著高于胸肌。

1. 出场状态　鸡肉在屠宰后，具有一定的肉温，柔软且具有一定的弹性，也被称为热鲜肉。经过一段时间后肉体变得僵硬，肉的延展性几乎消失，也就是死后僵直，僵直肉既硬又干，不适合加工食用。继续储藏，僵直情况会有所缓解，肉通常会变得柔软，保水性得到提高，风味也会变得更好，这个过程被称为解僵或成熟。通常，成熟后的肉方可被食用，因此，在肉屠宰后需要控制尸僵、促进成熟。

影响鸡蛋品质的因素主要包括鸡的品种及蛋的清洁状况。蛋品种不同，蛋壳颜色及组成成分存在差异，此外，品种不同蛋壳厚度也存在一定的差异，蛋壳厚度直接影响蛋的破损情况，影响蛋的品质。蛋清洁度较低的情况下蛋壳表面沙门菌、大肠杆菌等微生物较多，易传播疾病、缩短蛋存储时间。蛋鸡品种和日粮类型直接影响鸡蛋中营养物质和风味物质的含量（图 10 - 2）。

图 10 - 2　北京油鸡鲜肉和鲜蛋

2. 温度　　温度对肉质的影响最为明显，根据储藏的温度不同，可分为冷冻肉、冰鲜肉和生鲜肉 3 种类型，冷冻肉就是经过屠宰后的鸡快速降温使其冻结，然后置于 −18 ℃ 条件下储存；冰鲜肉是把屠宰后的鸡通过冰水冷却、风冷等方式将温度降至 0～4 ℃，后续保持该温度的温控条件；而生鲜肉顾名思义就是不经过低温储存的鸡肉。三种肉在营养、口感、保质期和安全性方面具有一定的差异。由于冷冻过程中导致细胞体积膨胀和组织结构破坏，化冻过程造成细胞破损，使肉表面干燥，肉纤维变粗，肉色变暗，脂肪组织被氧化，因此口感和营养较生鲜肉和冰鲜肉略差。常温状态下细菌繁殖活跃，具有一定的安全隐患，相比较，冰鲜肉和冷冻肉在安全、卫生方面更有保障。

温度对蛋品质的影响主要表现在影响蛋白酶活性和微生物的繁衍，温度过高会加快蛋内水分的蒸发速度，增大蛋气室高度，加强蛋内蛋白酶的活性，加快蛋品质腐败。

3. 湿度　　湿度主要对蛋品质产生影响，表现为影响蛋的理化特性、微生物生长繁殖、蛋内水分散失速率及蛋的腐败变质速率。

4. 其他　　保鲜技术对其品质的影响主要表现在通过影响蛋内微生物、酶活性、水分散发速率及壳蛋破损率而影响鸡肉和鸡蛋的品质。

蛋壳能抵抗微生物的侵入，蛋壳表面的薄膜能够延缓水分的损失和微生物的侵入，蛋壳破损会加速蛋的腐败变质。因此，运输过程的震动和装卸过程的震动都会降低蛋的品质（图 10 - 3）。

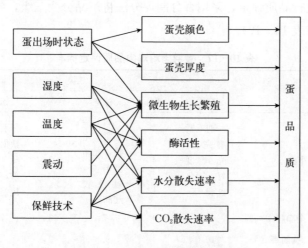

图 10 - 3　鸡蛋品质影响因素分析

三、北京油鸡品质评定

鸡肉和鸡蛋作为饲料转化率较高的畜禽产品，长期以来都被作为重要的蛋白摄取来源。随着民众生活水平的提高，膳食结构和营养需求也在随之改变，单纯的蛋白摄入已不能满足人们对肉类的消费需求，营养丰富、口感俱佳、风味独特的鸡肉和鸡蛋产品受到广泛关注。因此，对北京油鸡品质评定尤为重要。

目前对鸡蛋和鸡肉的评价方法主要包括客观评价与主观评价2种。主观评价是盲品尝加独立评分，品尝项目一般有闻气味、尝汤鲜、品口感和嚼嫩度等，其缺乏统一评定标准，且受评定人员主观影响较大，因此导致评定结果具有不稳定性和不确定性。客观评价则一般在实验室进行，通过对不同项目和指标的检测更具有权威性及说服力。然而，由于品质是一个模糊和宏观的概念，对鸡肉和鸡蛋产品品质的理解与评价往往都带有地区、民族和个人感情色彩，而不同储藏环境、加工与烹调方法对其品质均有不同程度的影响。因此，鸡肉风味品质的评定一直是畜牧、食品等相关行业研究的热点与难点，目前国内外尚未建立一套完整统一的鸡肉风味品质评定指标体系。

（一）鸡肉产品品质评定

目前关于鸡肉品质评定技术规范只有《黄羽肉鸡产品质量分级》标准（GB/T 19676—2005）。该标准按照体型外貌、胴体性状、肌肉品质、感官评定4类指标进行品质评定，采用百分制评分法将产品分为三级，各项指标标准和分数如下（表10-17）。

表10-17 黄羽肉鸡鸡肉品质评定标准

项　　目		一级		二级		三级	
		标准	评分	标准	评分	标准	评分
体型外貌		羽毛紧凑完整，光泽度好，冠色红润	4	羽毛基本紧凑完整，光泽度较好，冠色较红润	3	羽毛有缺损，光泽度稍差，冠色稍差	2
胴体性状	全净膛率（%）	78	4	74	3	72	2
	胸肌率（%）	10.0	4	9.0	3	8.0	2
	腿肌率（%）	15.0	4	13.0	3	11.0	2

（续）

项　目		一级		二级		三级	
		标准	评分	标准	评分	标准	评分
肌肉品质	系水力（%）	66	6	62	4	60	3
	嫩度（kg/cm³）	4.5～5.0	10	3.5～4.5 和 5.0～5.5	8	3.5 以下和 5.5 以上	6
	肌纤维直径（μm）	38	14	42	11	50	8
	肌苷酸含量（mg/g）	2.30	14	1.90	11	1.60	8
	肌内脂肪含量（%）	3.2	14	2.7	11	2.4	8
感官评定	生鲜肉评定：鸡胴体皮紧而有弹性，毛孔细小，肌肉丰满，皮肤黄，光滑滋润，尾部和背部布满皮下脂肪，胸部两侧有条形脂肪，肌肉外表微干或微湿润，指压后的凹陷立即恢复，具有鲜鸡肉的正常气味，采用 5 分制	4.5	8	3.5	5	3.0	3
	品尝评定：煮熟后的鸡肉和肉汤，在气味、香味、多汁性、口感、嫩度各方面综合评定，采用 5 分制	4.5	18	3.5	14	3.0	10

注：表中所列标准均为下限值。

　　根据国内外现有对禽产品评定研究进展，参考本标准，再结合北京油鸡品种特性、标准及产品特征，初步建立北京油鸡产品品质评定指标体系。该体系分为感官评定与实验室分析两部分，既包括了外观特征与感官特性，同时也囊括了物理、化学、组织学等相关指标，对北京油鸡鸡肉品质、营养和风味进行综合全面的分析评价（图10-4）。

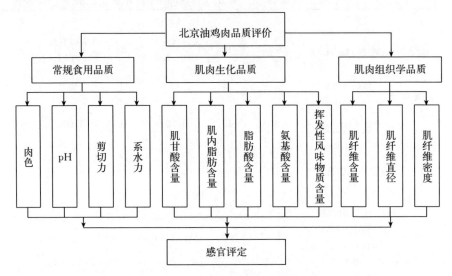

图10-4 北京油鸡肉品质评价体系

1. 常规食用品质

（1）肉色 肉色影响着消费者对肉品质好坏的判断，是肌肉外观评定的重要指标之一，也是肌肉生理生化和微生物学变化的外在表现。尽管人们对鸡肉肉色喜好有所不同，但基于鸡肉本身特性，在养殖品种、饲养管理和储藏环境标准化的前提下，生鸡肉一般以鲜樱桃红色且具有光泽为佳。影响肌肉颜色及色调的因素有：肌肉中色素含量及其存在状态（主要因素）、其他共有的蛋白质分子及有机物种类和数量、光反射和氧化作用等。肉色可以通过肉色测定仪或分光光度计进行测定。

宰后30~45 min肉色测定结果较稳定，因此选择该时间段的肉进行测定。由于厚度大于2 cm的胸大肌其背景颜色不影响肉色测定结果，所以选择胸大肌靠近骨的内侧肌肉为测定部位。测定方法为剥离一侧整块胸大肌，将其置于白板上，沿胸大肌长轴中线位置由厚到薄取3点，测定靠近骨侧肌肉表面的亮度、红度和黄度，算3次测定值的平均值。

（2）pH 是评价肌肉品质的最重要的指标之一，直接影响肌肉的剪切力、系水力等指标，是肌肉酸碱度的直观体现，也反映了肌肉一些理化性质的变化。肌肉中乳酸的含量决定了pH的大小。鸡在屠宰后，血液循环停止，氧气供应不足，肌肉内的代谢活动由有氧代谢转化为无氧酵解，糖原迅速分解，引起乳酸含量增加，肌肉的酸度提高，肉品质下降。pH 对鸡的胴体品质影响很大，如肌肉的保存性、煮熟损失率、加工性能等都受 pH 的影响。肌肉的初始 pH 和 pH 的下降速度及范围可以很好地衡量肉质的优劣。刚屠宰的鸡肉 pH 为 6~7，约 1 h 后达最低 pH 5.4~5.6，而后开始缓慢回升。

pH 可用 pH 计或 pH 测定仪进行测定。由于宰后 45~60 min 胸肌 pH 测定结果较稳定，因此选择该时间范围的肌肉进行测定。和肉色测定一样，将 pH 计探头插入胸大肌长轴中线位置 3 个点，深度 0.5~1 cm，记录 pH，测 3 次算平均数。注意每测完一个样，须用去离子水清洗 pH 仪的电极。

（3）剪切力　作为传统的肉质评定指标，主要反映的是肉的基本特征，是肉的重要食用品质指标，会受到肌纤维直径和密度的影响。肌肉越细嫩，口感越好，肉质越佳。其中剪切力可以综合反映肌纤维结构和鸡肉各种生化反应对嫩度作用，是评价鸡肉嫩度公认的指标，剪切力值越小表示鸡肉嫩度越高，相反剪切力值越大表示嫩度越低。测定剪切力的仪器为嫩度仪（或称剪切仪）。

宰后剥离一侧整块胸大肌，置封口袋后于 4 ℃冰箱熟化 6~8 h 后取出，室温下放置 15 min，剪掉胸大肌周围的结缔组织和脂肪，称重后将其再次放进封口袋（尽量保持原始伸直状态），在肌肉中心位置插入温度计，封好口后置于 80 ℃恒温水浴锅，加盖持续加热至温度计显示为 70 ℃，随即取出后置室温冷却 30 min，将袋内的液体排出，取出肉样称重再次修剪后，将其切成 3 块宽厚均为 1 cm 的长条肉，将长条肉按肌纤维走向横放在嫩度仪刀口位置进行剪切操作，每条肉切 2 次，记录 6 次剪切的剪切力，计算平均值。

（4）系水力　是指肌肉在受到外力作用时保持其内含水分的能力。系水力是一项重要的肉质性状，它可影响肌肉的多汁性、嫩度、色泽等，通常用失水率、蒸煮损失或滴水损失来衡量系水力。

比较不同方法测定结果的稳定性和方便性，冷藏 24 h 胸肌的滴水损失测定结果较为恒定，受其他影响因素较小，因此被用来衡量肌肉保水性。沿肌纤维垂直方向剥离一块长条胸肌肉样，准确称重后将其挂在充气塑料袋中，使肌纤维垂直向下，扎紧袋口，置 4 ℃冰箱储藏 24 h，取出肉样称重，计算滴水损失，每个样品重复测定 3 个样，计算平均值。

2. 肌肉生化指标

（1）肌内脂肪（IMF）　肌内脂肪是沉积在肌肉内的脂肪，主要存在于肌外膜、肌束膜以及肌内膜上，磷脂是 IMF 最重要的组成成分，它含有大量的多不饱和脂肪酸，如亚麻酸和花生四烯酸，特别是含有 4 个以上不饱和键、具有 22 个碳原子的长链不饱和脂肪酸，极易被氧化，其产物直接影响挥发性风味成分的组成，进而改变肉品风味。

肌内脂肪的测定最为经典和权威的方法为索氏抽提法，该方法精确度高，结果稳定可靠。宰后取新鲜胸肌和腿肌肉样，用匀浆机捣碎后取 10 g 肉末，置于 100 ℃烘箱中 2～4 h，将其完全脱水，用滤纸包好后放入萃取套管中，塞上脱脂棉，将套管安入索氏瓶中，加入约 160 mL 石油醚（40～60 ℃），启动通风、冷凝水和索氏加热器，将虹吸循环控制在每小时 12 次以上，连续萃取 6 h 左右，注意不能中断。取下脂肪收集瓶置于干燥器中过夜，接着再将收集瓶置于 80 ℃真空干燥箱（13 kPa 以下）中 2 h，再将收集瓶取出称重。最后计算肌内脂肪百分数占比。

（2）脂肪酸　脂肪酸是脂肪水解的产物，也是构成脂肪的主要骨架，按照碳链长度的不同可将其分为短链脂肪酸（也被称为挥发性脂肪酸）、中链脂肪酸和长链脂肪酸；按照碳氢链不饱和键的个数分为饱和脂肪酸、单不饱和脂肪酸和多不饱和脂肪酸；按照营养角度则可分为必需脂肪酸和非必需脂肪酸。脂肪酸的结构、组成和含量不但影响鸡肉的品质风味，更重要的是还决定了鸡肉的营养价值。只有与人体所需脂肪酸谱相匹配或近似，才可认为营养价值高。因此，单纯以脂肪酸种类与含量来评价北京油鸡营养品质有失偏颇，应将北京油鸡脂肪酸谱与人体需求进行比对，从而得出综合营养价值。

脂肪酸种类与含量的检测是脂肪酸谱构建的基础，检测需要先将样品水解，乙醚-石油醚抽提脂肪后，经氢氧化钾-甲醇皂化，然后用三氟化硼-甲醇溶液甲酯化，生成脂肪酸甲酯，通过气相色谱柱分离，以氢火焰离子化检测器或者质谱检测，内标法定量。

（3）氨基酸　氨基酸是北京油鸡重要的营养组分和风味成分，分为普通氨基酸和游离氨基酸，普通氨基酸为蛋白质分解产物，在鸡肉胸腿肌和鸡蛋蛋黄氨基酸中占比很大，是鸡肉和鸡蛋营养的主要组成部分。此外，还有游离氨基酸在鸡肉和鸡蛋中占比较小，是鸡肉的重要风味物质，可被人体直接吸收，而且也是鸡肉香味的重要物质基础。

北京油鸡鸡肉和鸡蛋主要含天冬氨酸、苏氨酸、组氨酸、赖氨酸、谷氨酸、脯氨酸、甘氨酸、丙氨酸、缬氨酸、蛋氨酸、异亮氨酸、亮氨酸、酪氨酸、苯丙氨酸、丝氨酸、精氨酸、色氨酸、胱氨酸等氨基酸。普通氨基酸的检测需要将鸡蛋或鸡肉经盐酸水解成游离氨基酸后，经离子交换柱分离后，与茚三酮溶液产生颜色反应，再通过可见分光光度检测器测定氨基酸含量。游离氨基酸的检测则要防止蛋白质水解，原理和其余步骤与普通氨基酸检测相同。

（4）肌苷酸（IMP）　肌苷酸是北京油鸡鸡肉最重要的鲜味物质，是核苷酸在体内的代谢物之一，较高含量的肌苷酸也是北京油鸡较其他鸡肉品质更为突出的重要原因之一，因此肌苷酸的含量对北京油鸡品质评定意义重大。

肌苷酸检测采用《黄羽肉鸡产品质量分级标准》（GB/T 19676—2005）中规定的液相色谱法。条件为：流动相为 50 mmol/L pH 6.5 甲酸铵缓冲溶液（含 5% 甲醇），流速 1 mL/min，柱温 25 ℃，进样量 5 μL，紫外检测波长 254 nm。该方法线性相关程度好，可适用于肌肉中肌苷酸和肌苷含量的测定。

（5）挥发性风味物质　鸡肉挥发性风味主要是由 3 类物质产生：脂类物质、含氮化合物、含硫化合物。北京油鸡鸡肉中可检出 100 余种挥发性风味物质，其中醛、含硫含氮杂环化合物作为美拉德反应的产物，虽然在鸡肉中含量不高，但由于风味阈值较低，是北京油鸡的主要香味成分。各种风味因子与氨基酸、脂肪酸等物质相互作用，经过复杂的生物化学反应，最终形成北京油鸡独特的风味。

顶空固相微萃取-气相色谱-质谱法是测定挥发性风味物质的有效方法。其中，固相微萃取（SPME）是一种新型的样品前处理与富集技术，具有采样、萃取、浓缩和进样的多重功能，广泛应用于挥发性成分检测的前处理；质谱则具有高分辨率、高灵敏度等特点，可从分子结构上区分各类物质。

3. 肌肉组织学　嫩度和绵软度是评价鸡肉品质的重要指标，而这些指标又与肌纤维结构密切相关，有研究认为肌纤维结构和数量与品种密切相关，因此肌肉组织学指标也是评价鸡肉品质的重要内容。

通过测定肌纤维直径和密度，肌肉内肌纤维、脂肪组织或结缔组织比例等评定肉的嫩度，通常被国内研究者采用，而国外研究者很少采用。有研究表明，地方鸡的胸腿肌纤维直径与嫩度呈负相关，肌纤维密度与嫩度呈正相关，且肌纤维直径与密度呈负相关，因此可认为肌纤维越细、密度越大，肉质越鲜嫩。

肌肉样品用甲醛固定后，沿肌纤维走向切合适大小的样本制作组织切片，切片经漂片、铺片、烤片后将其进行染色，拿盖玻片封片，晾干后用生物显微镜进行组织学观察和数据采集，主要测定肌纤维直径，并计算肌纤维密度。

4. 感官评定 感官评定主要通过人的视觉、嗅觉、味觉和触觉来感知肉的新鲜程度、色泽、弹性以及口感，从而对肉的品质做出初步评价。然后通过对熟肉的气味、易嚼度、多汁性和肉汤鲜味进行评定。参照黄羽肉鸡白切性的评定方法进行，取宰后 1 h 的净膛鸡，分离两侧整块胸大鸡，漂洗干净，用铝簿纸将其包好，置于容器内，在沸水锅中蒸熟，取出后在室温冷却 8～10 min，切成小条，编号后随机分发给评价员，供品尝的样品应始终是同一部位或同种肌肉，品尝在室内进行，同时呈给评价员 2 块无盐饼干和温水 1 杯。评价员应听从指令进行品尝，品尝完后要吃饼干以防对下一个样品的干扰。评价员对鸡肉进行等级评分和感官描述，评分分为差、次、中、良、优。品尝时鸡肉不蘸调味料，品尝人员只允许用温水漱口，清除残留味道。

（二）鸡蛋产品品质评定

1. 蛋品品质分级 对于北京油鸡鸡蛋产品品质的评定，主要依据当前国内外壳蛋分级技术进行，壳蛋分级可以分为重量分级和品质分级。重量分级依据鸡蛋重量，是最直观的分级指标；品质分级依据鸡蛋外部品质和内部品质指标进行分级。外部品质指标有蛋形、清洁度和破损度等，内部品质指标包括哈氏单位，气室高度，蛋白、蛋黄状态，异物和胚胎发育情况等。表 10 - 18 整理了鸡蛋各项品质指标及其描述。

表 10 - 18　蛋品质指标

分级关键指标	具体指标	描　　述
重量指标	整蛋重量	具体重量
外部指标	蛋形	形状规则程度
	清洁程度	有无污渍，污渍面积
	破损程度	有无裂缝，裂缝大小，有无泄漏
内部指标	哈氏单位	哈氏单位值大小
	气室高度	高度值
	蛋黄状态	轮廓清晰度，形状规则度，可否移动，位置居中性等
	蛋白状态	松散程度，透明程度
	异物	有无血斑、肉斑，血斑、肉斑大小等
	胚胎发育	胚胎有无发育，发育程度

哈氏单位是衡量鸡蛋品质的重要指标之一，鲜鸡蛋、鲜鸭蛋分级标准（SB/T 10638—2011）中规定，哈氏单位≥72 为 AA 级鸡蛋，哈氏单位≥60 为 A 级鸡蛋，哈氏单位≥55 为 B 级鸡蛋。

气室直径是反映鸡蛋新鲜度的重要指标之一，鸡蛋在储藏过程中，气室直径逐渐变大，鸡蛋新鲜度逐渐降低。

蛋黄系数能反映蛋黄的弹性大小，可以评价鸡蛋的新鲜度。当蛋黄系数小于 0.18 时，蛋黄基本失去弹性，处于散黄边缘，新鲜度大大降低。蛋黄系数越高，表明鸡蛋越新鲜。蛋白系数能反映鸡蛋蛋白的变化情况，可以评价鸡蛋的新鲜度。蛋白系数越高，表明鸡蛋越新鲜。

2. 营养与风味　鸡蛋是北京油鸡营养物质的重要载体，蛋中各种营养成分含量的高低决定着其品质的好坏，尤其是脂肪、蛋白质的组成，以及胆固醇、卵磷脂、维生素、微量元素等的含量，此外，蛋黄中游离氨基酸、挥发性脂肪酸的含量也影响着鸡蛋风味。因此，判断鸡蛋的营养和风味也是鸡蛋品质评定过程中很重要的内容。

本部分涉及的鸡蛋中营养物质与风味物质的检测方法与鸡肉的检测方法类似，可参考鸡肉的检测方法进行检测。

3. 鸡蛋感官评价　通过外观、质地、风味的感官评价，了解品种间口感差异。统计每位评价员的评定结果，判定其评价结果是否合理，得出消费者接受性。

（1）评定方式　九点快感标度检验：针对存在细微差异的鸡蛋待检样，按接受程度给样品打分，采用方差分析进行差异性分析。

1 为极端喜欢，2 为非常喜欢，3 为一般喜欢，4 为稍微喜欢，5 为既不喜欢，也不厌恶，6 为稍微厌恶，7 为一般厌恶，8 为非常厌恶，9 为极端厌恶。

（2）评定步骤　请按呈送顺序从左至右按以下步骤评价各样品，并在评价前将所持鸡蛋的编号填入感官评价表。

① 看鸡蛋。从视觉角度，对所呈鸡蛋的蛋壳颜色、蛋的大小，以及蛋壳是否呈规则卵圆形进行接受程度的评定。蛋壳颜色分为红、粉、白、绿，蛋有大有小，凭喜好对其进行评定。

② 摸鸡蛋。从触觉角度，对蛋壳的粗糙程度及蛋壳硬度进行接受程度的评定。

③ 闻鸡蛋。评价员应当闭上嘴，用鼻嗅挥发气味，采用不规定嗅的方

法，只要在适当的时间间隔内用同样的方式即可，并将接受程度评定在表中。

④ 品鸡蛋。依次品尝蛋白、蛋黄，将待评样在口中停留一段时间，活动口腔，使其充分接触整个舌，仔细辨别味道，切勿囫囵吞枣。感受蛋白的弹性、咀嚼性及硬度；感受蛋黄的硬度、粗糙性。每次品尝后，用纯净水漱口，1 min 后，品评下一编号的鸡蛋，按接受程度给样品打分。同一品种鸡蛋可以多次品尝，但不能没有答案。一个样品品评后，进行下一个样品的品评。

（3）注意事项　吸烟对人的嗅觉有影响，因而在进行感官检测前 1 h，评价员不可吸烟；感冒患者不能参加感官检测；距品评开始前 30 min，不得食用浓香食物、饮用甜酸饮料、食糖果、咀嚼口香糖等，不得饮酒；评价人员在评价当日，不可使用有强烈气味的化妆品（洗脸液、发乳、雪花膏、香水、香皂）；独立进行品评，不得与其他评价员交谈或询问。

第二节　主要产品加工工艺

由于北京油鸡本身具有浓郁的鸡味，因此无需加过多的调料，也无需复杂的加工烹调。北京油鸡肉类产品的主要加工形式为冰鲜鸡肉，深加工的鸡肉相对密度很小，鸡蛋加工形式主要以鲜蛋为主，主要烹调做法为炖汤、白切、盐焗、沥蒸等，既适合于中国传统的饮食习惯，又可充分满足人们对营养、美味、健康的消费需求。

幼龄油鸡肌纤维较细，嫩度最佳，口感较好，但鸡肉脂肪沉积很少，鸡肉香味不足，风味一般。随着饲养日龄增加，从 12 周龄开始皮下脂肪的沉积能力明显加强，随着脂肪和风味物质的不断沉积，游离氨基酸和脂肪酸含量逐渐升高，此时的北京油鸡品质和营养有所增强。随着日龄继续增加，90~120 日龄时，鸡肉 IMF 和 IMP 含量会继续增加到一定水平，此时风味口感也达到最佳。再随着饲养日龄的增加，尤其是到成年鸡，肌纤维增粗，鸡肉嫩度下降，腹脂率增加，IMF 不再增加或开始下降，鸡肉的综合品质下降。

为了获得良好的肉质和风味，北京油鸡应饲养至 90~120 日龄屠宰，此时屠体腹部、尾部和背部布满皮下脂肪，皮肤微黄，胴体皮紧而有弹性，光滑滋润，毛孔细小，胸部两侧有条形脂肪，肌间脂肪较为丰富，肉味鲜美，鸡香浓郁。种种特点表明，该阶段的北京油鸡既外观优美，又品质上乘。

鉴于北京油鸡有多种用途（肉用、蛋用、肉蛋兼用、蛋肉兼用），且不同性别、不同饲养时间和饲养方式对其肉蛋品质有不同的影响，因此，对油鸡产品的加工、储藏和烹调应充分考虑各种因素，选择不同的方式处理不同类型产品，扬长避短，从而充分发挥其品质特性，挖掘出其独特的品质内涵，做到产品分级、消费分类，保证从农场到餐桌的美味。

一、北京油鸡不同产品类型的营养与品质特点

当前较为普遍的北京油鸡产品类型是按性别、饲养日龄和养殖方式划分的，同时为了满足其产蛋和产肉的双重属性，针对性地选择公母，并配合不同养殖方式。北京油鸡常见的产品类型有童子鸡、柴鸡和老母鸡。

童子鸡饲养日龄为 60 d 左右，体重大约 500 g，皮下脂肪含量少，肌肉细致鲜嫩，适合于爆炒、清蒸、白斩等烹饪方式；柴鸡为饲养 90~120 d 的公鸡或母鸡，体重 1 kg 左右，肌肉结构紧实，肉质细嫩，高蛋白、低脂肪，适合炖汤等各类中式菜系；老母鸡为饲养 500 d 左右，体重 1.5 kg，肉质醇厚，皮脂含量较高，肌内脂肪含量也较高，适合清蒸、煲汤及爆炒。

老母鸡的总脂肪酸含量显著高于童子鸡和柴公鸡，不饱和脂肪酸含量方面，老母鸡高于童子鸡，童子鸡高于柴公鸡，老母鸡皮脂中 n-3 含量低于童子鸡和柴公鸡。总体而言，老母鸡脂肪酸含量丰富，不饱和脂肪酸含量也很高，相比而言柴公鸡含更多的粗纤维和瘦肉，脂肪酸含量不如老母鸡和童子鸡丰富（表 10-19）。

表 10-19 不同类型的北京油鸡每百克中脂肪酸含量（g）

脂肪酸	童子鸡		柴公鸡		老母鸡	
	肌肉	皮脂	肌肉	皮脂	肌肉	皮脂
豆蔻酸	0.027 2	0.363	0.018 4	0.369	0.042 2	0.39
十五碳酸	0.004 06	0.061 5	—	0.042 4	0.005 08	0.044 7
棕榈酸	1.03	15.0	0.631	13.0	1.4	18.3
十七碳酸	0.008 78	0.137	—	0.098 2	0.010 9	0.115
硬脂酸	0.307	5.26	0.246	3.71	0.413	4.32
山嵛酸	—	—	—	—	—	0.127

（续）

脂肪酸	童子鸡		柴公鸡		老母鸡	
	肌肉	皮脂	肌肉	皮脂	肌肉	皮脂
花生酸	—	0.085 5	—	0.056 1	—	0.103
二十四碳酸	—	—	—	—	—	0.067 9
棕榈油酸	0.093	1.81	0.121	2.09	0.235	3.31
豆蔻油酸	—	0.045 4	0.004 03	0.065 3	0.005 18	0.069 4
油酸	1.32	27.1	0.846	19.9	2.71	45.8
亚油酸	1.02	24.8	0.834	18.2	1.62	22.7
γ-亚麻酸	0.009 56	0.161	0.009 23	0.159	0.012 1	0.103
α-亚麻酸	0.055 4	1.10	0.046 8	0.863	0.064 7	0.655
顺-11-二十碳一烯酸	0.013 6	0.299	0.010 3	0.207	0.016	0.27
顺，顺-11，14-二十碳二烯酸	0.015 9	0.211	0.014 4	0.151	0.008 92	0.089 8
二高-γ-亚麻酸	0.020 8	0.161	0.017 1	0.104	0.012 8	0.071 5
花生四烯酸	0.13	0.261	0.186	0.242	0.21	0.273
顺-13-二十二碳一烯酸（芥酸）	—	—	0.003 35	—	0.003 71	—
DHA	0.015 4	—	0.029 8	—	0.053 1	—
n-3 含量	0.070 8	1.100	0.076 6	0.863	0.118	0.655
饱和脂肪酸	1.38	20.91	0.90	17.28	1.87	23.47
不饱和脂肪酸	2.69	55.95	2.12	41.98	4.95	73.34
总脂肪酸	4.07	76.86	3.02	59.26	6.82	96.81

二、北京油鸡产品的不同加工方式

（一）北京油鸡初级加工

1. 冰鲜鸡肉　冰鲜鸡肉是指检验检疫合格的活鸡经屠宰加工后，1 h 内经冷却但未经速冻处理使中心温度降至 8 ℃，12 h 内降至 4 ℃，并在 0～4 ℃条件下包装、储藏、运输和销售的鸡或分割鸡肉。北京油鸡冰鲜鸡肉的加工工艺流程如图 10-5 所示。

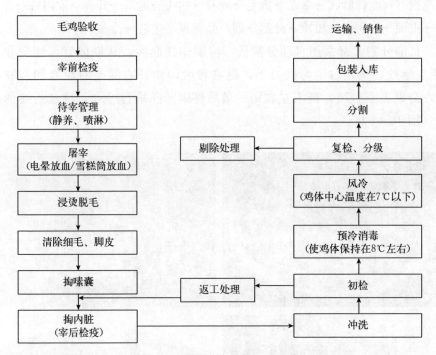

图 10-5　冰鲜鸡肉的加工工艺流程

冰鲜鸡肉的加工工艺可大致分为 5 个主要环节。

（1）宰前准备环节　包括宰前检疫和待宰管理。

（2）屠宰环节　包括电晕放血和雪糕筒放血两种方式。

（3）脱毛环节　包括浸烫脱毛和清除细毛、脚皮。

（4）掏膛环节　包括掏嗉囊、掏内脏及宰后检疫。

（5）预冷环节　包括冲洗、初检、预冷消毒、风冷及复检。

2. 分割鸡肉　北京油鸡浑身是宝，鸡胸肉、鸡腿肉和鸡翅肉质鲜美，鸡爪胶原蛋白丰富，鸡胗、鸡肝和鸡心口感风味独特，具有中药保健作用。鸡翅共分为三节，翅中为中间一节，是比较嫩的部位，肉也相对较多，北京油鸡翅中较普通鸡翅中肉更加嫩滑有嚼劲，不发柴，肉香也更浓厚纯正。鸡胗厚实耐嚼，骨肉鲜香。鸡腿肉内脂肪含量高，肉质瘦而不柴，多用于炸、烤、炖等。胸肌肉肌苷酸含量高，嫩度好，适合于炒制。

可以按照市场要求和不同消费群体的差异化喜好，将鸡进行分割，封口包装后冷藏保存。常见的分割产品有鸡胸肉、鸡腿、鸡翅中、鸡胗、鸡爪等。工艺流程有：原料验收→宰杀→烫毛→光身→摘头→剪爪→开膛→取内脏→冷处理→去颈→修胴体→质检→分割→副产品整理→包装→冷藏。

目前分割大都采用自动分割线，将胴体挂起后，从胴体背部翅突处划"十"字线，选用右手为操刀手，沿右腹股沟切开右腿与右腹肌和右股关节，分别去左右腿，撕下左右翅。最后将副产品进行整理，挑选需要的产品（图10-6）。

图10-6　北京油鸡分割产品（鸡翅、鸡腿、鸡心、鸡肝）

（二）北京油鸡烹调加工

1. 蒸煮　蒸煮是北京油鸡最基本也是最常见的加工方式，同时也是最能体现北京油鸡原味特征的烹调方法，这样的北京油鸡肉质细嫩、肉汤鲜美、口感醇正、老少皆宜，特别适用于产后妇女、中老年人及身体虚弱者。

蒸煮一般采用白条鸡，其中童子鸡由于肉质细嫩，非常适合蒸煮；此外，90～120日龄的青年鸡由于肌内脂肪沉积较多，风味较好，也适合蒸煮。鸡肉蒸煮只需要加少许盐等基本调料即可，加工方法一般包括水煮和蒸制等，产品加工工艺简单，能最大限度保留鸡肉的营养风味成分，加工工艺一般为原料肉→解冻→清洗→添加调料→煮制，此产品主要以家庭制作鸡汤和蒸鸡为主。

2. 清炖　北京油鸡老母鸡生长周期长，肉质紧实富有韧劲，适合长时间的炖煮，清炖的北京油鸡肉软而不烂，鸡汤浓郁可口，再配以其他营养辅料及具有保健作用的中药，既美味又营养。

具体做法为：将鸡块配其他辅料进行慢火细炖。将切好的鸡块用清水冲洗，先将其冷水下锅煮，煮至鸡肉较为软烂时捞出，放入油锅加少许酱油和调料，配山药、土豆、香菇、玉米等，再加其他配料（生姜、花椒、党参、当归、大枣、枸杞等），炖至所有食材全部熟透即可。

3. 盐焗　盐焗鸡原是有名的客家菜，包括了古法、水煮、蒸等做法。后经改良，古法盐焗鸡被应用到了北京油鸡的加工上，做法简单，食用健康，既可保留鸡肉丰富的营养价值，又使得其外表澄黄油亮，鸡香清醇，而且香而不腻，爽滑鲜嫩，具有凉血润燥、滋肾通便、温脾暖胃的功效。

4. 其他　北京油鸡结合中国传统饮食文化，围绕中餐做法被开发成了多种菜品，如中华民族特色菜肴白斩鸡、红烧油鸡、烤鸡等（图10-7）。

A

B

C

D

E F

图 10-7 北京油鸡不同烹调产品

A. 清炖鸡 B. 白斩鸡 C. 盐焗鸡 D. 凉拌鸡 E. 烤鸡 F. 爆炒鸡

（三）北京油鸡蛋品加工

我国鸡蛋消费形式主要以鲜蛋为主，蛋制品加工还处于初步发展阶段，鲜蛋加工比例小、蛋品工业化产品少。蛋品加工是分散行业风险的有效方式，也是满足多元消费需求的重要途径，蛋品加工行业的发展对保证整个蛋品行业持续健康发展发挥了积极作用。

开发鸡蛋产品，确保其品质在生产、储藏和销售过程中的稳定与安全对进一步开发我国传统蛋制品资源、开拓传统蛋制品市场、增加蛋制品品种的多样性有重大意义。

洁蛋加工　我国市售鲜蛋绝大部分为脏蛋。有抽样调查表明，10%的市售鸡蛋的表面携带有沙门菌，64%的鸡蛋表面大肠杆菌严重超标。这些被鸡粪和其他有害物质污染了的鸡蛋表面带有大量对人体有害的细菌，特别是沙门菌等致病微生物会通过蛋壳上的气孔进入蛋内并大量繁殖，严重影响蛋的品质，对人体健康造成危害。

我国壳蛋的保鲜、分级、包装问题还没有得到根本解决，国产鲜蛋清洗、分级、加工设备种类少，自动化程度较低，随着居民生活水平的提高和消费者对食品安全的关注，经过清洁并分级、包装的洁蛋越来越受欢迎，北京油鸡蛋的规模化加工处理、达标上市是必然趋势。

目前，已经形成一套完整的鲜蛋生产处理系统。鲜蛋产出后落入输送带，送到验蛋机，剔除破壳蛋，进入洗蛋机自动清洗，再送至鲜蛋处理机，可除膜、干燥等，最后进入选蛋机进行自动检数、分级和包装（图 10-8）。

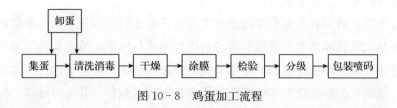

图10-8 鸡蛋加工流程

鸡蛋来自不同的母鸡，因其健康状况各异，所以要加强选蛋环节的清洗、消毒工作，确保消毒工作有效进行，把一切安全隐患在初始阶断消除。在去皮环节，因蛋黄未熟制，部分微生物未被有效杀灭，考虑到去皮时间较长，避免造成蛋体长时间放置引起微生物的增殖，所以建议企业在此环节不要大量积压蛋体，多派人手进行去皮工作。

第三节　质量控制与品牌建设

北京油鸡作为特色畜禽品种，具有独特的品貌和优良的品质，然而随着品种结构和养殖模式的变化，加之绿色环保的高压态势，北京油鸡生产秩序也随之改变。全面发展绿色、生态和节水生产方式，大力开发具有高附加值的优质特色产品，提升北京油鸡经济价值、生态价值和社会价值已成为新的发展方向。

北京油鸡产业需要坚持走自主创新、以质取胜的道路，提升品牌价值和效应，发展生态、优质、特色北京油鸡产业。做好质量安全控制与品质提升工作，强化品牌开发建设与维护，是未来北京油鸡产业发展的重要方向。必须加快培育形成地区特色的拥有自主知识产权的、质量水平较高的具有市场竞争力的知名品牌，以提高质量推动品牌建设，以品牌建设助推北京油鸡种质资源开发利用。

一、质量控制

紧密围绕都市型现代农业发展要求，以质量兴农、品牌强农、绿色发展为目标，北京油鸡产业完全按照北京农产品绿色优质安全示范区建设的总体要求，大力推进无公害农产品、绿色食品、有机农产品认证和农产品地理标志登记保护工作，保证北京油鸡"安全优质，营养健康"，保障产品安全、消费安全，促进农业产业健康发展。

在各级政府和农业主管部门的大力支持下，在科研和技术推广单位的组织下，各北京油鸡养殖生产基地针对各自生产模式与体系，研究实施了关于北京油鸡健康养殖、环境控制和产品加工储藏等系列技术，建立了适合于本场的科学化、规范化、标准化的养殖生产和质量控制技术规程，并通过市级、国家级畜禽养殖标准化示范基地验收。北京油鸡的质量安全保证了其品质和品牌的不断提升。

此外，针对北京油鸡质量控制和品质提升，不断加强前沿技术的研究储备。在品种特异性鉴别方面，挖掘得到北京油鸡特异性分子标记，并初步建立了针对多趾基因的快速检测方法；在产品特色品质鉴定方面，开发了营养物质预测模型，并积极探索综合脂肪酸、蛋白质和风味物质图谱的营养品质综合评价体系。

2003 年，北京油鸡被北京市特需农产品委员会列为特需农产品，并于2005 年被北京市政府认定为北京市优质特色农产品。为了对其特色寻求科学依据，从生产角度提出技术规程和标准，从市场角度提供有助于提高产品知名度的科学结论，扩大品牌影响力，北京市科委和农委联合召开了"北京市首批优质特色农产品测试分析研究成果"新闻发布会，包括北京油鸡在内的 9 种产品的测试分析数据公之于世，至此，北京油鸡有了最基本的质量品质指标体系和特色的数据，对北京油鸡标准化生产、产品质量控制、打造唯一性的特色农产品提供了科学参考。

利用优良的北京油鸡品种，依托密云天然洁净的生态环境，依据国际有机农业生产要求和生产标准，配合良好的动物福利，北京油鸡最大的养殖基地——北京百年栗园生态农业有限公司建立了"健康、自然、可循环"的生产方式，推行"有机农业、循环经济、生态富民、可持续发展"宗旨，其生产的柴鸡蛋于 2006 年通过了国家有机食品和 AA 级绿色食品在内的最高食品安全级别双认证，此后，柴公鸡、柴母鸡和老母鸡等系列产品也相继通过有机认证。目前，年生产有机鸡蛋 340 t，有机鸡肉超过 320 t（图 10-9）。

二、品牌建设

品牌建设通常是由品牌持有企业开展，为实现企业价值而实施的企业行为。北京油鸡作为鸡种，不仅属于某个企业，它的品种价值优于其他，故而其

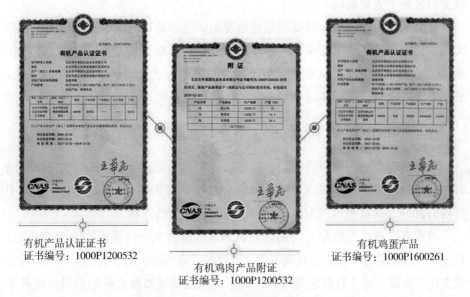

有机产品认证证书
证书编号：1000P1200532

有机鸡肉产品附证
证书编号：1000P1200532

有机鸡蛋产品
证书编号：1000P1600261

图 10-9 北京油鸡有机产品证书

所具有的品种价值，也不应仅为某个企业独享。这里的品牌建设不应为狭义的企业品牌建设，而应是地方品牌建设，也就是由北京地区推广本地鸡种的品牌建设。这既可以使北京油鸡的推广脱离单个企业的无序或不良竞争，也有利于整合打造品种优势。不仅使相关繁殖饲养企业及个人饲养者通过参与北京油鸡生产销售的各关节而受益，还可以使得北京油鸡这个品类得到保护和发展。因此，北京油鸡的品牌建设工作应从地方特色及品种保护的角度开展。

品牌建设从北京油鸡品种特性及文化背景考虑，除前面提到的"绿色健康"外，还可以从"历史文化、宫廷美食、生态循环"方面展开。

（一）历史文化

中国悠久灿烂的农耕文明照耀着无数代勤劳勇敢的中国人，北京作为明清两代的都城所在地，其皇家文化之繁荣鼎盛自非其他地域可比，而北京油鸡的数百年历史，也伴随着饮食文化的发展，经过数百年时光荡涤，流传下来的不仅有历史的醇厚，还有其自身的馨香。

然而随着工业化时代的发展，人们的需求不断扩大，为了满足市场的需求，工业化规模养殖满足了人们最初对肉蛋的量的需求。北京油鸡一度受到工业化冲击而没落，甚至几乎被世人遗忘，再加上宣传和开发不力，久而久之北京油鸡远离了大众视线。

在当前物质需求基本得到满足的情况下，北京油鸡理应结合中华优秀农耕文化，凭借其灿烂的皇家文化和深厚的饮食文化不断受到大家的关注。这不仅是对历史最好的保护，也是对文化最有力的传承。北京油鸡不但是皇家文化、皇家美食的素材，同时作为农耕文化的产物，也理应"飞入寻常百姓家"。

（二）宫廷美食

北京由于作为明清两代帝都，有着数百年的文化积淀，宫廷传承甚多，随着时代的发展很多原本仅供皇室享用的东西都流传至民间，宫廷美食便是其中重要的部分。北京油鸡作为地方品种也是宫廷美食的选择。

清宫菜以满汉全席最为著名，它将满族、蒙古族、汉族的著名美食融合，形成共 108 道菜肴，作为清朝皇帝大宴群臣的最高标准。而这满汉全席为当时饮食文化之大成，对于官员也是难得一见，更何况是紫禁城之外的百姓。随着辛亥革命的爆发，很多宫廷御厨将宫廷菜式传入民间，如北海的仿膳和北京知名的八大楼饭庄就有不少宫廷菜，而北京油鸡也作为宫廷美食必不可少的原材料为普通百姓所熟知，北京油鸡的经典故事甚至还被北京人民艺术剧院搬上了舞台。

被历史和文学作品双双记录的北京油鸡是北京宫廷文化的一部分，是宫廷美食不可或缺的食材，更是中华传统美食中的一味。历史、文明、美食、故事在这小小的北京油鸡上凝聚，作为北京本地优秀品种，着实应该大力推广至百姓餐桌。

（三）生态循环

养殖家禽产生的粪便作为有机肥生产绿色蔬菜、水果，供客人观光采摘，农业生产的剩余杂粮、菜叶等又供应了养殖基地，养殖基地的各类家禽又直接供应了农家餐饮。通过养殖基地→产生农家肥→供应种植基地→生产有机蔬菜、野菜、水果→供应餐饮，打造全闭合生态循环链条，形成原始、原汁、原味的农家菜品。

北京油鸡有如此多的亮点均可作为品牌宣传切入点，让消费者更愿意从接触之初尝试北京油鸡这个品种，通过第一次的食用，感受到北京油鸡的美味，形成消费黏性，再导入健康理念，使消费者今后在考虑绿色健康的肉蛋时，选择北京油鸡。当健康的需求逐步加大，北京油鸡功能性显现的时候，可以依托已有的口碑进行传播。先在北京打开市场，后续可以依托北京人文、经济等多方面的影响力，利用北京这个平台向其他地区甚至是国外进行辐射。通过多种手段让北京油鸡不仅满足北京人的需求，还要将它与更多的人分享。

2013年4月26日，北京市畜牧总站被市政府批准为北京油鸡地理标志产品认证唯一资质单位，目前已完成现场审定，北京油鸡产品品质和区域品牌建设进入了全新的时代。

三、产品推广

（一）资源特性

1. 地方品种　北京油鸡作为北京地方品种，起源于北京近郊，已有上百年历史。该鸡种经过长期选择和培育后形成了其独特的外貌，且是肉蛋品质兼优的鸡种。北京油鸡还是唯一列入中国家禽品种志中的地方鸡种，而且也是我国原产于大城市郊区的优良地方鸡种。

2. 肉蛋皆宜　北京油鸡是肉蛋皆宜的鸡种，其肉质鲜美，蛋质优良。其食用价值早已得到认可，其品质在百年前已受到皇室推崇。

3. 适应性强　北京油鸡易于养殖，不仅可以规模化养殖，也可以小规模庭院养殖，可以笼养，也可以在果园林地山坡散养。北京油鸡只要在正常条件下饲养，2月龄的成活率可达到95%左右。

（二）深度研发

北京油鸡具有突出的优点且有上百年的宫廷食用历史，这样优秀的地方品种需要向消费者大力推广，这不仅是为了使消费者享用到更好的美食，也是为北京油鸡的饲养企业、养殖户创造更好的价值，同时也是为了保护这个优秀的品种继续繁衍下去。

传统肉鸡、蛋鸡所具有的销售方式，北京油鸡皆可采用。在其品种宣传的基础上依托宫廷食用背景开发由北京油鸡烹饪的深加工产品，打造宫廷菜式，凸显北京油鸡的悠久历史，并用宫廷美食烘托北京油鸡品种。

北京油鸡的体貌特征与其他鸡有较大差异，其"三羽""五趾"不仅使其具有传统的鸡功能，后续还具有深度开发的可能。北京油鸡的羽毛美观，在其肉蛋可食用的基础上，羽毛可作为有价值的副产品加以利用，如可利用北京油鸡的羽毛制作羽毛毽，这不仅符合当下运动健身的潮流，也可从直观上展示北京油鸡的优良品性。

鸡爪虽称凤爪，但北京油鸡独具五趾，相对于其他鸡的四趾，可将北京油鸡与至尊的五爪金龙进行营销联想传导，以区别并优于其他鸡种。与其他品种的优势化差异就是北京油鸡在已有市场上异军突起的依托。

北京油鸡在作为肉蛋鸡销售的基础上，通过品种宣传还可将其作为种鸡进行繁育、销售。这不仅可以拓宽北京油鸡的商品属性，还可以使养殖企业在购买种鸡时具有更多选择。我国现有的肉鸡以进口为主，如果我国有更多自己的种鸡繁育，这对肉鸡饲养提供了稳定的保障，北京油鸡的本地属性不仅适合国内养殖，同时也不会造成外来物种入侵的危害，还利于保存这个优良品种。

（三）市场细分

为了更好地推广北京油鸡，首先要进行市场细分，将北京油鸡的消费人群、销售地域、销售定价等进行初步选定，之后制订相关的营销策略。

北京油鸡作为北京的地方品种在北京市场的推广、销售堪称具备天时地利人和的条件。继北京后，在市场稳固时可考虑利用北京的地域、文化影响向周边其他地域辐射。

考虑到现有市场的各品牌主要是各生产商企业品牌，消费者对于鸡本身的品种并不了解，北京油鸡应从鸡品种上与其他同类产品进行区分，介绍品种本身所具有的优势，并考虑将北京油鸡注册为品类商标，凡饲养销售这一品种均需通过认证许可。将北京油鸡这一品种进行保护，保证其遗传特征的稳定，使北京油鸡的品种得到技术与法律的双重保护。

1. 品种营销　品种的区别可以使消费者第一时间注意到北京油鸡，现有肉鸡或鸡蛋的销售并未提及品种，而是以商标进行区分，消费者通常愿意购买较大品牌、大企业的产品，但未考虑企业所销售品种，因此以北京油鸡这个品种打入市场，可以明显区别于市场现有品牌。

品种营销的最佳主持者当属权威组织。首先，组织作为权威机构，其发布的数据、信息具有说服力；其次，组织具有整合资源的能力，可以帮助品种获得更好的发展、改良；再次，组织作为平台可以更好地推广区域内企业、养殖户共同开发利用这一品种；最后，作为非生产企业立场公正，有利于监督管理北京油鸡的繁育及质量控制。

2. 市场定位　将北京油鸡定义为绿色健康的高端肉蛋鸡种，如辅以功能性养殖则应把其功能性作为北京油鸡品种优势之下的又一特性进行更清晰的定位。将其功能性中的特殊营养作为向更高端产品迈进的出发点。

3. 渠道人群　在完成高端定位后，销售渠道和消费人群也就自然明确。销售渠道可以采用线上与线下相结合的方式，线上可以与知名的互联网平台合作，线下在高端会员制超市进行铺货。消费人群定义在注重健康、有采购绿色食品习惯的中上等收入人群。

（四）绿色营销

北京油鸡除了具有上述的品种优势外，其生长速度相对其他肉鸡不具优势，但绿色散养正是现在人们对于非速成肉鸡的要求之一。绿色有机在食品行业越来越受到重视，在人们生活水平提高到现有阶段时，产品供给已极大丰富，人们更倾向于购买绿色有机食品来保障家人及自身的健康。为保证北京油鸡的肉质鲜美并迎合消费者对于绿色健康的需求，北京油鸡的养殖应以绿色为理念。打造从研发、生产、销售、管理全链条绿色属性，建立更健康的养殖环境，生产出更营养的肉鸡及鸡蛋，用品质来换取价值而不是简单依靠数量。并以此开展绿色营销，绿色营销要从 5 个方面着手，包括绿色产品、绿色包装、绿色价格、绿色形象和绿色管理。

1. 绿色产品　绿色营销的基础是绿色产品，北京油鸡作为肉蛋兼顾的鸡种，为了保证其产品的绿色属性，繁育环节、饲养环节、屠宰环节、包装环节甚至销售环节都应以绿色、环保、健康为出发点。从鸡繁育开始保证品种的遗传稳定性，使得冠以北京油鸡名称的鸡必须具备该品种的所有优质特性。在养殖环节使用健康无添加的天然饲料，严禁添加任何不利于人体健康的物质。鉴于北京油鸡既可以产肉也可以产蛋，因此在北京油鸡的饲料中添加健康绿色的亚麻籽、海藻等物质不仅能获得功能性鸡蛋，还能获得功能性鸡肉。屠宰环节的卫生、检疫须保证无菌且无残留，包装要求不过度且使用环保材料，绿色销售则是指在促销过程中无论是促销辅助产品还是促销物品都同样绿色环保。只有将全链条都做到绿色，产品才能达到真正绿色产品的要求。

2. 绿色包装　绿色包装同样是绿色产品的一部分，产品包装除了保护产品在消费者购买前完好无损并利于携带运输外，还要考虑节约资源、避免浪费、用后回收、降低污染等方面的问题。绿色包装本身即是对北京油鸡绿色理念的响应，也是对北京油鸡绿色有机性能的保护。

3. 绿色价格　绿色价格是为了覆盖绿色产品在各环节的支出。北京油鸡绿色养殖需要的放养环境本身需要保护，因此放养数量需控制在合理范围内；投喂的饲料要求有机环保；绿色包装需可降解，避免回收环节造成污染。达到上述标准，涵盖多种绿色科技、手段生产出来的绿色产品必然需要支付相应的价格，为保证生产者的利益，绿色价格是对其最有力的支持。

4. 绿色形象　北京油鸡在贯彻上述绿色理念并在实施中落实，其绿色形象需向大众推广并做到有据可查。现今大数据技术的发展为此提供了保证，从绿色繁育开始鸡只的情况皆有记录并随各阶段更新，消费者购买后，可了解各环节信息方便追溯。同时各环节信息的公开本身就是监督绿色产品的最佳手段，只有向消费者提供全面的信息才能使消费者放心购买并愿意为绿色产品支付它所应有的费用。

5. 绿色管理　绿色管理理念是在经营中也要保持绿色理念，简称为"5R"原则：研究（Research）、减消（Reduce）、再开发（Rediscover）、循环（Recycle）、保护（Reserver）。由此北京油鸡从品种繁育上就将环保置于重要地位，在养殖方面注重环境保护，深度开发北京油鸡的价值，保证各环节的循环利用，保护物种及环境的健康，使绿色理念不仅贯穿商品制造环节同样贯穿品牌管理环节。

绿色理念贯穿品牌，是其特色之一，因此销售策略也需保持一致。产品的推广利用互联网是最为环保、高效的方式之一，北京油鸡初入市场，促销是理想的突破方式，除了传统的价格促销，绿色促销也是北京油鸡副产品推广的好时机。在销售北京油鸡肉蛋的同时，附送用北京油鸡羽毛制作的羽毛键，既提倡健身运动又可以再次展示北京油鸡优质的外形特征。

四、典型案例

北京油鸡种质资源推广模式属于比较典型的科研机构主导、企业运作的农业推广模式，主要的运行方式有"科研机构＋基地＋农户"和"科研机构＋龙头企业＋农户"。其中，北京市农林科学院油鸡保种基地是全国最大的北京油鸡保种场，北京百年栗园生态农业有限公司是生产和销售规模最大的油鸡养殖、生产、加工企业。这些基地（企业）较为完整地呈现了北京油鸡产业的发展特点，具有很强的代表性。

北京市农林科学院油鸡保种基地主要承担北京油鸡商品代的选育和养殖技术示范，提供鸡苗、技术咨询和鸡舍建设等支持，以及其他学习培训服务的功能和责任。该基地利用其技术优势，向农户或合作社展示科研新成果，确保新技术和新成果得以快速推广和应用，解决了北京油鸡养殖过程中品种杂乱、生产水平低下的问题，提高了养殖效益。

北京百年栗园生态农业有限公司以生产有机柴鸡蛋和有机柴鸡肉为己任，以打造北京油鸡全产业链的生产模式为目标，秉承"最优良的品种＋最健康的生产方式＝顶级的产品品质"的理念，经过多年的发展，已成为北京油鸡养殖的龙头企业。该公司主导成立了合作社，将分散的农户与市场有机结合，提高了组织化程度，扩大了养殖规模，辐射和带动了周边地区北京油鸡的养殖，促进了区域特色产业的形成。

北京诚凯成养殖合作社在北京油鸡规模化、产业化发展的同时立足于对环境的保护，形成油鸡养殖→粪污处理→油用牡丹种植→副产品加工→油鸡养殖的良性循环生产模式，实现基础的循环农业发展，为一、二、三产业融合发展奠定了良好的基础。将北京油鸡养殖、油用牡丹种植与旅游业相结合，强化观光休闲功能，以农业生产为基础，形成集生产、观赏、娱乐等于一体的综合性农业科技园区。

洼里乡居楼是集养殖、观光、休闲、文化为一体的立体养殖和生态体验园区（原址现已停业）。经过多年的发展，走出了自身特色的发展之路。公司以乡居楼餐厅为主营业务，餐厅食材来源于果园中散养的北京油鸡。该基地在品牌推广上独具优势，通过视觉和味觉体验，结合乡土文化熏陶，可以让消费者更直观地感受到北京油鸡的美味。

北京绿多乐农业有限公司创立于 2012 年初，为国家现代农业产业示范基地，以林下北京油鸡生态养殖和绿色有机蔬菜种植为主要业务，公司崇尚绿色、生态、可持续的种养方式，注重动物福利和有机循环，先后建立了北京油鸡别墅养殖、林下放养和现代化放养的 3 代养殖模式。

第四节　开发利用前景与展望

多年来，北京油鸡已推广到北京郊区及全国各地饲养，年推广数量达到 100 万只以上，饲养者普遍反映该鸡抗病力强、适应性广、成活率高、容易饲养。北京油鸡既可地面平养，也可网上饲养或笼养；既可农户小规模庭院饲养，也可山地和果园规模化放养。

近年来，随着人们对优质黄羽肉鸡消费力的提升，地方鸡种养殖数量不断增长。但柴鸡养殖目前存在着品种本身不规范、生产性能不高、管理技术粗放、产品品质参差不齐、市场销售混乱等问题。与普通黄羽肉鸡相比，北京油鸡具有毛色一致、特征明显、遗传稳定、生产性能适中、肉蛋品质优良的特点，具有很强的市场竞争能力。北京油鸡作为原产于北京本地的优良地方品种，可作为黄羽肉鸡养殖更新换代的品种，生产优质特色农产品。

北京油鸡可拟定发展为北京市地理标志农产品，且前景广阔，应加大利用其品种优势，提高商品价值，提高养殖效益。

一、北京油鸡产业发展方向

从产品形态的角度分析，北京油鸡经历了 4 个阶段。①肉用阶段："宫廷黄鸡""开国第一宴用鸡""天下第一鸡"等一系列美誉的提出都意味着北京油鸡作为肉用型鸡的特色品质被广泛接受。②肉蛋兼用：产蛋性能逐渐被重视并挖掘开发，一定程度上满足了人们对蛋类产品的需求。③蛋肉兼用：2001 年后，由于杂交育种等技术在油鸡上的广泛应用，产蛋性能得到了明显提高。④肉蛋并举，两翼齐飞：随着生活水平的提高，科学技术的发展，现已发展形成"肉用型鸡"和"蛋用型鸡"两条线共同发展的新格局，具体表现在包括数量和品质在内的企业自身的扩张。

在取得地理标志产品资质认证的同时，结合产业发展新态势，最终形成北京油鸡产业发展急需解决的七个转变。

（一）产量扩充到品质提升的转变

选育目标由单一的生长性能发展为包括肉质、风味性状在内的多性能选育，同时，提供适合油鸡生长的最佳饲养和环境条件，并建立一批纯种示范基地。

（二）外在物质形态到内涵的转变

在物质产品开发的同时，加强文化内涵的挖掘与宣传教育，注重产业发展过程中软实力的提升，从而延伸产业链条，促进产业结构转型升级。

（三）盲目引进向目标开发的转变

之前北京油鸡的开发没有突出民族特征和产品特色，也没有形成自己的独特标准，更无法建立以自主知识产权为基础的国际标准。而引进的国际标准（如营养需求和阶段饲养等）不符合北京油鸡的生产特性和生长规律，因此，在和国外品种的比较方面没有突出优势（如料重比、出栏日龄等），而我们的优势是品质风味，如何用现代技术提升产业发展，如何在尊重鸡生长规律的情况下开发选育，得到优质纯正的油鸡，这是我们需要做的。

（四）生产秩序上由无序到有序的转变

由于资源条件限制，北京地区可供饲养的地区越来越少，在有限的空间等生产资源下开发优质特色农产品显得尤为重要，据此，可参照发达国家和地区的生产形态（如"在地生产"原则，即所有农产品在 10 km 之内生产、消化、吸收），使北京油鸡在北京地区实现有序发展。

（五）单一的地区性发展到全国范围推广的转变

地理标志保护和大范围推广并不矛盾，保护范围内可建立优质纯种示范基地，其余地域可发展符合当地饮食等生活习惯的专门化品系，并开发相关系列产品，从而实现由单一地区发展到全国范围发展，清远麻鸡是一个很好的例子，需要认真学习研究。

（六）生产和推广模式方面由单一发展到工商结合部门联动的转变

树立都市型现代营销理念，深刻理解"营销也是生产力"这一新的发展思路，培养营销先导战略，实现营销生产一体化，转变政府重有形市场轻无形市场的理念，开辟工商结合部门联动的发展新路径。

（七）产品属性方面由单位属性到社会属性的转变

科研院所拥有良好的种质资源，但由于过分注重其单位属性没有形成"产学研"的无缝衔接，也就没有形成合力来进行产业开发。而地理标志保护作为一项政府公益事业，可以助力实现并提高油鸡产业化发展水平，从而回归社会，实现其社会属性。

二、北京油鸡开发利用前景

在发挥北京油鸡本土品牌优势的过程中，可以从以下方面进行油鸡的开发利用以促进产品的发展。

（一）加强政府宏观调控力度

应该充分发挥政府的主导性作用，根据地区的实际情况与消费者的根本需求，政策上决策适合北京市地理标志农产品——北京油鸡的发展，制订合理的产品价格，适时提高人们的收入，让大多数消费者买得起。

（二）加强市场组织管理力度

为了较好地规避各种生产及销售环节可能发生的风险，需要建立健全产品产销信息网络系统。在生产上设立准入门槛，大力培育北京油鸡优良品种，加强产品品质方面的监管力度，推动北京油鸡生产规模化、规范化与标准化稳定发展。销售方面积极引导北京油鸡生产商培养自律意识，树立良好的行业道德操守，不添加激素或违规药物，确保鸡肉质量安全，让消费者放心食用。

（三）加强信息宣传推广力度

大力加强信息管理工作，以国家政策为指南，以北京油鸡为中心，通过电视广播、网络传媒等宣传手段，强化信息实践，加强地理标志农产品的宣传推广力度，创新固有局面与宣传思路，让消费者多层面、全方位地认得清、讲得明、用得好。

（四）提高产品的加工率，增加产品附加值

蛋品加工是提高禽蛋附加值的关键一环，世界上很多发达国家的禽蛋业都出现了一个共同的现象：鲜蛋的销售量下降，而蛋制品的消费量不断上升。随着我国大型超市的普及，城市居民消费意识也在转变，越来越多的消费者倾向购买经过处理的蛋类和蛋的加工制品。

蛋的加工有着广阔而深远的意义和价值，目前，我国市场上的蛋制品不仅种类少，而且数量少，因此提高蛋制品的品种，满足不同消费者的需求，是国际市场的需要，也是我国未来蛋制品市场的发展需要。

鸡蛋的医药和食用功能很强，就连蛋壳目前都已开发出多种高附加值有营养的产品来。发达国家的蛋制品加工率很高，美国加工蛋制品占蛋总消费量的33％，欧洲占20％～30％，日本占50％，而我国仅为5％～7％。近几年出现的情况是：在蛋价高的时候，企业销售鲜蛋的效益较好；在蛋价低的时候，企业销售鲜蛋可能会严重亏损。因此，有必要提高蛋产品加工率，以提高抵御市场风险的能力。企业可以利用鸡蛋的乳化性加工成蛋黄酱、色拉调味剂等；利用其热变性和凝固性作为火腿、腊肠、鱼糜制品的配料；利用蛋黄粉、蛋清粉制作各种饮品和营养冲剂等。这些产品虽然附加值较低，但产值很大，可以带来稳定的效益。在具有广阔的市场发展前景下，应加快北京油鸡深加工产品的研发，规范产品生产标准，优化产品结构，逐步提高北京油鸡深加工产品的产量。目前市场上销售多以冷鲜鸡肉为主，深加工产品种类少，因此还有很大的市场空间。

（五）加强品牌建设

国外成功开发的分级洁蛋、营养蛋、液蛋等多种产品，均有自己的品牌，其品牌蛋市场已经非常成熟，并且价格比较低廉。品牌鸡蛋需要有追溯体系，国内在这方面还不够完善，未来需要进一步加强。

参 考 文 献

安建勇，秦会杰，陈思睿，等，2013. 北京油鸡的肌肉组织学特性分析 [J]. 畜牧兽医学
报，44（1）：129-134.

陈大君，杨军香，2013. 肉鸡养殖主推技术 [M]. 北京：中国农业科学技术出版社.

陈继兰，2004. 鸡肉肌苷酸和肌内脂肪含量遗传规律及相关候选基因的研究 [D]. 北京：
中国农业大学.

陈继兰，姜润深，2009. 图说高效养蛋鸡关键技术 [M]. 北京：金盾出版社.

陈杰，2003. 家畜生理学 [M]. 4 版. 北京：中国农业出版社.

初芹，张剑，张尧，等，2015. 蛋重、蛋形和蛋色对北京油鸡种蛋孵化性能的影响 [J]. 中
国家禽，37（20）：48-50.

戴有理，2001. 青壳蛋鸡常规蛋品质的观察与改进 [J]. 中国家禽，23（10）：42-43.

董红敏，陶秀平，2009. 畜禽养殖环境与液体粪便农田安全利用 [M]. 北京：中国农业出
版社.

耿爱莲，张尧，马银娟，等，2011. 饲粮钙水平对散养北京油鸡生产性能和蛋品质的影响
[J]. 中国家禽，33（12）：30-34.

耿爱莲，赵向红，张尧，等，2015. 饲粮有效磷水平对散养北京油鸡生产性能和鸡蛋品质
的影响 [J]. 中国家禽，37（18）：18-21.

何瑞银，姚立健，骆娅君，等，2005. 中小型养鸡场鸡粪处理的现状分析 [J]. 农机化研究
（6）：71-73.

华登科，2014. 不同光照强度和日粮营养水平对北京油鸡生产性能、肉品质及福利的影响
[D]. 扬州：扬州大学.

华登科，李冬立，孙研研，等，2014. 光照强度对北京油鸡激素分泌、生产性能及胴体性
能的影响 [J]. 畜牧兽医学报，45（5）：775-780.

黄稚淳，梁细云，2005. 影响禽肉品质的因素 [J]. 肉类工业（6）：36-37.

吕学泽，贾亚雄，胡彦鹏，等，2016. 北京油鸡多趾性状与产品品质相关性研究 [J]. 中国
畜牧兽医，43（9）：2441-2446.

司伟达，韩兆鹏，刘旭明，2013. 鲜禽蛋分级和质量控制技术研究现状 [J]. 中国家禽，35
（8）：44-48.

宋永青，王守伟，李莹莹，等，2012. 固相微萃取-气相色谱-质谱法测定北京油鸡中挥发性成分［J］. 食品科学，33（10）：241－245.

孙菡聪，杨宁，郑江霞，等，2009. 不同品种、不同周龄鸡蛋营养成分比较研究［J］. 中国畜牧杂志，45（19）：62－65.

孙研研，陈继兰，2017. 种公禽繁殖系统对光要素的应答机制研究进展［J］. 中国畜牧兽医，44（9）：2692－2698.

孙月娇，2014. 不同饲养方式对肉鸡肌肉品质和挥发性风味物质形成的影响［D］. 北京：中国农业科学院.

檀晓萌，陈辉，黄仁录，等，2009. 鸡粪饲料资源开发利用现状［J］. 饲料博览（12）：36－38.

王刚，郑江霞，侯卓成，等，2009. AA 肉鸡与北京油鸡部分肉质指标的比较研究［J］. 中国家禽，31（7）：11－18.

王晓明，2013. 鸡粪常规营养成分分析及其开发利用［J］. 湖北农业科学，52（21）：5314－5316.

王志刚，周永刚，钱成济，等，2014. 地方优质鸡品种资源的推广模式研究——以北京油鸡为例［J］. 云南农业大学学报，8（1）：15－19.

席鹏彬，蒋守群，蒋宗勇，等，2011. 黄羽肉鸡肉质评定技术操作规程的建立［J］. 中国畜牧杂志，47（1）：72－76.

熊本海，罗清尧，周正奎，等，2017. 中国饲料成分及营养价值表［J］. 中国饲料，21：31－41.

徐淑芳，2001. 北京油鸡的保种与利用研究［J］. 家畜生态（3）：35－38.

徐松山，孙研研，李云雷，等，2017. 稀释和低温保存对鸡精液品质和受精能力的影响［J］. 畜牧兽医学报，48（4）：645－651.

徐幸莲，王虎虎，2010. 我国肉鸡加工业科技现状及发展趋势分析［J］. 食品科学，31（7）：1－5.

杨凤，2004. 动物营养学［M］. 2 版. 北京：中国农业出版社.

杨军香，2017. 畜禽粪肥资源化利用政策解读［J］. 北方牧业（12）：10.

杨利国，2010. 动物繁殖学［M］. 2 版. 北京：中国农业出版社.

杨宁，李藏兰，于淑梅，等，1998. 矮小型褐壳蛋鸡与普通型褐壳蛋鸡的蛋品质对比［J］. 中国畜牧杂志，34（6）：28－29.

杨宁，2010. 家禽生产学［M］. 2 版. 北京：中国农业出版社.

翟峰，张勇，高燕妮，2007. 鸡粪再生饲料资源的开发与利用［J］. 畜禽业（3）：12－15.

张国增，2012. 中华宫廷黄鸡［M］. 2 版. 北京：中国农业出版社.

赵桂苹，陈继兰，文杰，等，2005. 北京油鸡品种资源特性描述［J］. 中国家禽（23）：49－50.

赵乐乐，陈鲁勇，陈颖超，等，2013. 益生菌和中草药添加剂对北京油鸡屠体性状和肉品

质的影响 [J]. 上海交通大学学报，31（2）：40-43.

赵兴绪，2010. 家禽的繁殖调控 [M]. 北京：中国农业出版社.

郑久坤，杨军香，2013. 粪污处理主推技术 [M]. 北京：中国农业科学技术出版社.

中国家禽品种志编写组，1989. 中国家禽品种志 [M]. 上海：上海科学技术出版社.

Petracci M，Baéza E，2011. 家禽肉品质评估方法研究进展 [J]. 中国家禽，33（17）：
    37-42.